Stefan Frischbutter

Aktivierung des NF-κB Signalweges in Immunzellen

Stefan Frischbutter

Aktivierung des NF-κB Signalweges in Immunzellen

Spezifität von Inhibitoren und der Einfluss einer Calcineurin/Bcl-10 Interaktion auf die Aktivierung von NF-κB

Südwestdeutscher Verlag für Hochschulschriften

Impressum / Imprint

Bibliografische Information der Deutschen Nationalbibliothek: Die Deutsche Nationalbibliothek verzeichnet diese Publikation in der Deutschen Nationalbibliografie; detaillierte bibliografische Daten sind im Internet über http://dnb.d-nb.de abrufbar.
Alle in diesem Buch genannten Marken und Produktnamen unterliegen warenzeichen-, marken- oder patentrechtlichem Schutz bzw. sind Warenzeichen oder eingetragene Warenzeichen der jeweiligen Inhaber. Die Wiedergabe von Marken, Produktnamen, Gebrauchsnamen, Handelsnamen, Warenbezeichnungen u.s.w. in diesem Werk berechtigt auch ohne besondere Kennzeichnung nicht zu der Annahme, dass solche Namen im Sinne der Warenzeichen- und Markenschutzgesetzgebung als frei zu betrachten wären und daher von jedermann benutzt werden dürften.

Bibliographic information published by the Deutsche Nationalbibliothek: The Deutsche Nationalbibliothek lists this publication in the Deutsche Nationalbibliografie; detailed bibliographic data are available in the Internet at http://dnb.d-nb.de.
Any brand names and product names mentioned in this book are subject to trademark, brand or patent protection and are trademarks or registered trademarks of their respective holders. The use of brand names, product names, common names, trade names, product descriptions etc. even without a particular marking in this works is in no way to be construed to mean that such names may be regarded as unrestricted in respect of trademark and brand protection legislation and could thus be used by anyone.

Coverbild / Cover image: www.ingimage.com

Verlag / Publisher:
Südwestdeutscher Verlag für Hochschulschriften
ist ein Imprint der / is a trademark of
AV Akademikerverlag GmbH & Co. KG
Heinrich-Böcking-Str. 6-8, 66121 Saarbrücken, Deutschland / Germany
Email: info@svh-verlag.de

Herstellung: siehe letzte Seite /
Printed at: see last page
ISBN: 978-3-8381-3643-1

Zugl. / Approved by: Berlin, FU, Diss, 2011

Copyright © 2013 AV Akademikerverlag GmbH & Co. KG
Alle Rechte vorbehalten. / All rights reserved. Saarbrücken 2013

Inhaltsverzeichnis

1	**EINLEITUNG**	**1**
1.1	Antigenabwehr durch das Immunsystem	1
	1.1.1 Die Rolle von T-Zellen im Immunsystem	2
1.2	Signalübertragung in T_H-Zellen	3
	1.2.1 Initiale Signalübertragung in T_H-Zellen	3
	1.2.2 Die Notwendigkeit des Ko-Stimulus für die T_H-Zellaktivierung	5
1.3	Die Aktivierung der Transkriptionsfaktoren NFAT, AP-1 und NF-κB durch T-Zell-Rezeptor-Stimulation	7
	1.3.1 Aktivierung von NFAT	7
	1.3.2 Aktivierung von AP-1	8
	1.3.3 Aktivierung von NF-κB über den kanonischen Signalweg	10
	1.3.4 Aktivierung von NF-κB über den alternativen Signalweg	12
1.4	Die Rolle des Transkriptionsfaktors NF-κB bei der Regulierung von Immunantworten	12
	1.4.1 Struktur von NF-κB Proteinen	13
1.5	Essentielle Komponenten der NF-κB und NFAT-Aktivierung	15
	1.5.1 Der CARMA1/Bcl-10/MALT1 Signalkomplex	15
1.6	Modulation der T-Zellaktivierung	23
	1.6.1 Zellstimulation *in vitro*	23
	1.6.2 Inhibitoren	24
2	**FRAGESTELLUNGEN**	**29**
3	**MATERIALIEN UND METHODEN**	**30**
3.1	Materialien	30
	3.1.1 Antikörper/Sekundärantikörper	30
	3.1.2 Chemikalien	32
	3.1.3 Enzyme	33
	3.1.4 Inhibitoren	34
	3.1.5 Oligonucleotide/Plasmide	34
	3.1.6 Puffer/Medien	34
	3.1.7 Reaktionskits	37
	3.1.8 Software	37
	3.1.9 Geräte	37

Inhaltsverzeichnis

3.2	**Methoden**	**39**
	3.2.1 Zellbiologische Methoden	39
	3.2.2 Proteinbiochemische Methoden	48
	3.2.3 Molekularbiologische Methoden	52

4 ERGEBNISSE   54

4.1 Evaluierung des inhibitorischen Einflusses von Cyclosporin A auf die Aktivität des Transkriptionsfaktors NF-κB   **54**

    4.1.1 Cyclosporin A inhibiert die stimulationsabhängige Phosphorylierung von NF-κB p65   54

4.2 Charakterisierung der Inhibierung von NF-κB und AP-1 durch NFAT Signalwegsinhibitoren mittels „Fluorescent Cell Barcoding"   **58**

    4.2.1 CsA inhibiert die Phosphorylierung von p65 und p38 aber nicht von ERK1/2   61

    4.2.2 Die Kreuzreaktivität der Inhibitoren AM404, BTP1 und NCI3 gegenüber p65, p38 und ERK1/2 ist gering   62

    4.2.3 INCA6 inhibiert unspezifisch die Phosphorylierung von p65, p38 und ERK1/2   64

4.3 Charakterisierung des CsA Einflusses auf NF-κB-Aktivierungsprozesse   **65**

    4.3.1 CsA beeinträchtigt die Bindung von p65 an die DNA   65

    4.3.2 CsA beeinträchtigt die Kerntranslokation von NF-κB p65   67

    4.3.3 IκBα-Phosphorylierung/Degradation und IKKβ-Phosphorylierung werden von CsA beeinträchtigt   69

    4.3.4 CsA inhibiert die Dephosphorylierung von Bcl-10   71

    4.3.5 Die Aktivierung von PKCθ und TAK1 wird nicht durch CsA gehemmt   74

    4.3.6 Die Assoziation von Bcl-10-MALT1 wird nicht durch die Bcl-10-Phosphorylierung gestört   76

    4.3.7 Verifizierung der CaN-Bcl-10-Interaktion   77

    4.3.8 CaN assoziiert mit dem Bcl-10/MALT1 Komplex   77

    4.3.9 Phospho-Bcl-10 ist ein Substrat von CaN   79

5 DISKUSSION   81

5.1 Spezifität von Inhibitoren des CaN/NFAT- Signalwegs   **81**

5.2 CaN spielt eine entscheidende Rolle bei der Aktivierung von NF-κB   **88**

    5.2.1 Die Bedeutung der CaN-Bcl-10-Interaktion für die NF-κB Aktivierung   91

    5.2.2 Funktion der Phosphorylierung/Dephosphorylierung von Bcl-10 für die NF-κB-Aktivierung   95

    5.2.3 Rekonstruktion der CaN-vermittelten kanonischen NF-κB-Aktivierung in Th-Zellen   98

5.3 Schlussfolgerung   **100**

6 AUSBLICK   101

7 ABKÜRZUNGSVERZEICHNIS   103

Inhaltsverzeichnis

8	**LITERATURVERZEICHNIS**	**107**
9	**PUBLIKATIONEN**	**116**
10	**DANKSAGUNG**	**117**

1 Einleitung

1.1 Antigenabwehr durch das Immunsystem

Das Immunsystem ist eine spezifische, hochentwickelte natürliche Barriere des Organismus und ermöglicht die Abwehr von körperfremden Substanzen, den Antigenen. Antigene sind Proteine, Mikroorganismen, DNA-Fragmente oder Viren, die potentiell schädigend auf den Organismus wirken. Das Immunsystem besteht aus einer Vielzahl von Zelltypen mit unterschiedlichen Funktionen, die in einem komplexen Netzwerk über Zell-Zell Kontakte und chemische Botenstoffe (Zytokine) kommunizieren. Eine wichtige Eigenschaft des Immunsystems besteht darin, dass es zwischen körpereigenen und körperfremden Proteinen unterscheiden kann. Für die Abwehr von Antigenen arbeiten das angeborene und das adaptive Immunsystem effektiv zusammen. Antigene werden von physikalischen Barrieren wie Hautzellen oder Schleimhäuten abgewehrt. Proteasen und niedrige pH-Werte in Körperflüssigkeiten stellen ein weiteres Hindernis dar. Dringt ein Antigen dennoch in das Körperinnere ein, so wird es von Proteinkomplexen des Komplementsystems angegriffen die proteolytische Aktivität besitzen. Zudem werden Phagozyten (Fresszellen) durch chemische Botenstoffe aktiviert. Zu den Phagozyten zählen Mastzellen, Makrophagen, natürliche Killerzellen und Granulozyten. Das Antigen wird durch Endozytose aufgenommen, proteolytisch verdaut und die einzelnen Peptide an der Oberfläche über MHC-Proteine präsentiert. T-Zellen binden mit ihrem antigenspezifischen T-Zell-Rezeptor (TZR) den Antigen-MHC (Major Histocompatibility Complex). Erkennt eine T-Zelle ein körperfremdes Antigen, das auf einer antigenpräsentierenden Zelle (APZ) über den MHC präsentiert wird, erfolgt eine Stimulation des T-Zell Rezeptors und des Ko-Rezeptors. Dadurch werden Signalprozesse ausgelöst, die zur Produktion von Zytokinen führen, wodurch wiederum weitere T-Zellen aktiviert werden.

Anders als T-Zellen binden B-Zellen die Antigene direkt über den B-Zell-Rezeptor (BZR). Das Antigen wird dann im Inneren der B-Zelle proteolytisch verdaut, und über den MHC präsentiert. Bindet eine T-Zelle an den MHC einer B-Zelle so schüttet die T-Zelle Zytokine aus (IL-2, IL-4, IL-5), wodurch es zu einer klonalen Expansion der B-Zelle kommt. Die B-Zellen reifen dann zu Antikörper-produzierenden Plasmazelle heran.

T-und B-Zellen bilden das Rückgrat des adaptiven Immunsystems.

Eine wichtige Eigenschaft des adaptiven Immunsystems ist zudem seine Lernfähigkeit. Dieses sogenannte immunologische Gedächtnis wird von antigenerfahrenen B-und T-Zellen verwaltet und bleibt meist ein Leben lang erhalten. Wird ein bekanntes Antigen erkannt, so kommt es zu einer massiven Proliferation von T-und-B-Gedächtniszellen und zu einer starken Antikörperproduktion durch Plasmazellen, um das Antigen so schnell wie möglich aus dem Organismus zu entfernen.

1.1.1 Die Rolle von T-Zellen im Immunsystem

T-Zellen reifen im Thymus aus lymphoiden Vorläuferzellen (common lymphoid progenitor cell) heran, die aus dem Knochenmark eingewandert sind. Sie besitzen einen spezifischen Antigenrezeptor, den T-Zell Rezeptor (TZR) mit dem sie Peptidfragmente von Antigenen, die über MHC (Major Histocompatibility Komplex)-Proteine präsentiert werden, erkennen können. Die Spezifität des TZR wird durch eine ständige Veränderung, die sogenannte somatische Rekombination (V(D)J-Rekombination) erreicht, welche während der T-Zell-Reifung im Thymus erfolgt.

T-Zellen lassen sich anhand der von ihnen exprimierten Oberflächenproteine in CD8-und CD4 T Helferzellen (Th) einteilen.

Einleitung

Reife periphere CD8 Th-Zellen erkennen Antigene, die über MHC-Proteine der Klasse I präsentiert werden. Die Bindung von CD8 Th-Zellen induziert den programmierten Zelltod (Apoptose) z.b. einer virusinfizierten Zelle über apoptoseinduzierende Signalwege (Fas) und porenbildende Perforine und proteolytische Granzyme. Aufgrund ihrer zytotoxischen Eigenschaften werden CD8 Th-Zellen auch als zytotoxische T Zellen bezeichnet.

Reife periphere CD4 T_H-Zellen werden durch Bindung an Antigene aktiviert, die auf MHC-Proteinen der Klasse II durch professionelle APZ präsentiert werden. Anhand der von ihnen sekretierten Zytokine kann man sie in zwei Untergruppen einteilen. T_H-1 Zellen sekretieren IL-2, Interferon γ (IFNγ) und Tumor Necrosis Factor α (TNFα) und bewirken damit die Expansion weiterer T_H-1 Zellen. Sie sind demnach an der zellulären Immunantwort beteiligt. T_H-2 Zellen produzieren Zytokine (z.B. IL-4, IL-5, IL-6, IL-10, IL-13) welche helfen, B-Zellen zur Antikörperproduktion anzuregen. Sie stimulieren damit die humorale Immunantwort.

1.2 Signalübertragung in T_H-Zellen

1.2.1 Initiale Signalübertragung in T_H-Zellen

Nach Bindung eines Antigens an den entsprechenden T Zellrezeptor (TZR) und den CD4 Ko-Rezeptor, formiert sich an der zytosolischen Seite der Rezeptoren die sogenannte Immunologische Synapse. Dieser membranassoziierte Komplex setzt sich aus unterschiedlichen Signalproteinen (Kinasen, Phosphatasen, Gerüstproteinen, Adapterproteinen) zusammen, welche zu Supra-Molekularen-Aktivierungsclustern (SMAC) assoziieren [1]. Die räumliche Nähe der Signalproteine ermöglicht eine schnelle und effektive Signalübertragung.

Einleitung

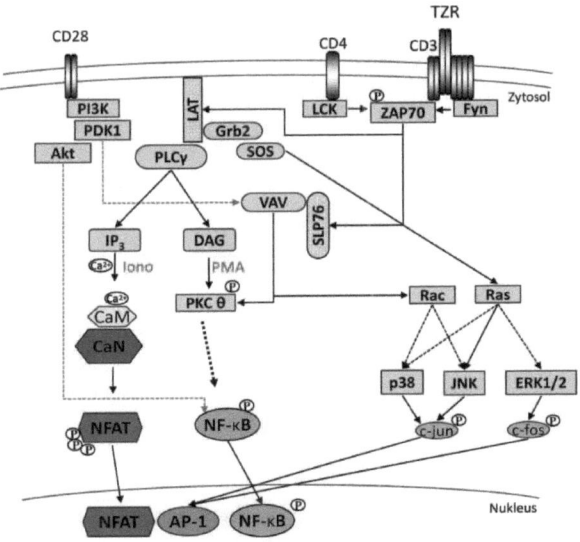

Abb.1.1 Schematische Darstellung der proximalen Signalprozesse nach TZR-Stimulation. Die antigenspezifische Stimulation des TZR-Komplexes bewirkt die Aktivierung der Kinasen Fyn, ZAP70 und LCK. Das durch ZAP70 aktivierte Adapterprotein LAT aktiviert die PLCγ und rekrutiert die Adapterproteine Grb2 und SOS. PLCγ generiert die sekundären Botenstoffe IP$_3$ und DAG. IP$_3$ bewirkt den Anstieg der intrazellulären Ca^{2+}-Konzentration was zur Aktivierung der Ser/Thr Phosphatase CaN und schließlich zur Aktivierung von NFAT führt. DAG induziert die PKCθ vermittelte Aktivierung von NF-κB. Über SOS wird die Expression und Aktivierung von c-fos über die Ras/Raf/MEK/ERK-Signalkaskade vermittelt. Durch Ko-Stimulation über CD28 werden die Kinasen PI3K, PDK1 und Akt aktiviert. PDK1 vermittelt die Aktivierung von c-jun über die Adapterproteine VAV und SLP76. C-jun bildet zusammen mit c-fos den Transkriptionsfaktor AP-1. PDK1 steuert zudem die Aktivierung von NF-κB über PKCθ und VAV. Akt vermittelt ebenfalls die NF-κB-Aktivierung.

Das an den MHCII Komplex einer antigenpräsentierenden Zelle gebundene Antigen bindet zunächst an die α- und β-Ketten des TZR und an den assoziierten Ko-Rezeptor CD4. Die Tyrosinphosphataseaktivität von CD45 sorgt für die Dephosphorylierung inhibitorischer Tyrosine der Kinase Fyn und aktiviert diese dadurch. Fyn phosphoryliert daraufhin Tyrosine in ITAMs (Immunoreceptor Tyrosine Activation Motifs) der γ,δ,ε, und ζ- Ketten des assoziierten CD3 Transmembranproteins. Über SH2 Domänen (Src homology domain 2) bindet die Kinase ZAP-70 (Zeta-chain-associated protein kinase 70) an diese Phosphoakzeptormotive.

Einleitung

Das Andocken des MHCII-Antigen-Komplexes an die Zelloberfläche aktiviert gleichzeitig auch den Ko-Rezeptor CD4. Die CD4 assoziierte Kinase Lck gelangt dadurch in räumliche Nähe des an ITAMs gebundenen ZAP-70 und phosphoryliert es dabei.

ZAP-70 phosphoryliert nun die Gerüstproteine LAT (Linker for activation of T cells) und SLP76 (SH2 Domain Containing Leukocyte Protein of 76 kD) wodurch zum Beispiel das Adapterprotein VAV (Guanin-Nukleotid Austausch-Faktor) gebunden wird.

LAT bewirkt zudem die Aktivierung des zytosolischen Signalproteins PLCγ (Phospholipase Cγ) welche Phosphatidylinositol-4,5-bisphosphat (PIP_2) zu IP3 und DAG hydrolysiert.

Durch die Generierung dieser beiden sekundären Botenstoffe kommt es zur Verzweigung der TZR-vermittelten Signalübertragung. IP3 bewirkt die Freisetzung von Calcium aus intrazellulären Calciumspeichern und löst damit die Aktivierung des Transkriptionsfaktors NFAT aus. DAG vermittelt einerseits die Aktivierung von PKCθ wodurch der Transkriptionsfaktor NF-κB aktiviert wird, und andererseits die Aktivierung der GTPase Ras, welche die Raf/MAPK/Erk-Signalkaskade zur Aktivierung des AP-1 Transkriptionsfaktorkomplexes auslöst [1-3]. Das Gerüstprotein VAV vermittelt die Translokation der aktiven PKCθ in die Nähe der immunologischen Synapse (Abb.1.1).

1.2.2 Die Notwendigkeit des Ko-Stimulus für die T_H-Zellaktivierung

Die alleinige Stimulation des TZR über den MHCII-Antigen-Komplex reicht jedoch für eine vollständige Aktivierung der Zelle nicht aus. Es wird zusätzlich ein kostimulatorisches Signal benötigt, welches über die Bindung der APZ Oberflächenproteine CD80 (B7-1) und CD86 (B7-2) an das T-Zell Oberflächenprotein CD28 bereitgestellt wird. Die gleichzeitige Aktivierung von

TZR und CD28 bewirkt die Verstärkung des TZR-Signals, und führt schließlich zur vollständigen Aktivierung der Zelle [4-5] [6-7].

Die Stimulation von CD28 aktiviert die Kinase PI3K, die wiederum die Kinasen PDK1 und Akt aktiviert. PDK1 rekrutiert nun zusammen mit dem Adapterprotein VAV die PKCθ welche anschließend durch DAG aktiviert wird und die Aktivierung des NF-κB Signalwegs vermittelt. Da VAV auch durch den TZR-Stimulus aktiviert wird, kann es daher als Vermittler zwischen TZR und kostimulatorischen Signalen angesehen werden [8]. Die stärkere Phosphorylierung von VAV in Gegenwart des Ko-Stimulus im Vergleich zum TZR Stimulus allein sprechen ebenfalls für diese Funktion [9].

Die Serin/Threonin Kinase Akt trägt zudem zur Aktivierung von NF-κB und NFAT bei. Akt fördert die Kerntranslokation von NF-κB p65 (Mechanismus noch nicht aufgeklärt) und NFAT (Inaktivierung der inhibitorischen NFAT-Kinase GSK3, (Abb. 1.2) [10-11].

Die Notwendigkeit des Ko-Stimulus besteht in erster Linie darin, den Organismus vor Autoimmunreaktionen zu schützen. Autoreaktive T-Zellen, die körpereigene Proteine (Autoantigene) erkennen, werden bereits während der T-Zell Reifung im Thymus aussortiert. Dennoch kommt es bei Gesunden und Kranken vor, dass autoreaktive T-Zellen dieser Selektion entkommen. Daher wird die Toleranz gegenüber Autoantigenen zusätzlich über den Ko-Stimulus vermittelt. Für die Expression der kostimulatorischen Proteine (CD80; CD86) auf der Zelloberfläche von APZ werden entzündungsfördernde Botenstoffe (z.B. TNFα) benötigt [12]. Liegt kein Entzündungsmilieu vor, so werden CD80 bzw. CD86 nicht auf der Zelloberfläche von APZ exprimiert. Im Falle eines MHC-Autoantigen-T_H-Zellkontaktes kommt es daher nur zu einer unvollständige Aktivierung der TH-Zelle und wodurch die Zelle in einen anergischen Zustand versetzt wird und nicht wieder reaktivierbar ist [13].

1.3 Die Aktivierung der Transkriptionsfaktoren NFAT, AP-1 und NF-κB durch T-Zell-Rezeptor-Stimulation

1.3.1 Aktivierung von NFAT

Das zweite Spaltprodukt von PIP_2, der sekundäre Botenstoff IP_3, bewirkt die Aktivierung der NFAT-Signalkaskade. IP_3 bindet an den IP_3-Rezeptor auf der Oberfläche des ER (Endoplasmatischen Retikulum) und löst damit die Öffnung von Calciumkanälen aus. Die Freisetzung der Ca^{2+}-Ionen in das Zytosol bewirkt die Öffnung von membranspannenden CRAC-Kanälen (Calcium Release Activated Calcium Channels) was zu einem weiteren Ca^{2+}-Einstrom führt. Ca^{2+} bindet an Calmodulin und die Bindung von Ca^{2+} und Calmodulin aktiviert die Serin/Threonin-Phosphatase Calcineurin (CaN) durch Bindung an deren regulatorische Untereinheit Calcineurin B (CaN-B). Infolgedessen wird die katalytische Untereinheit (CaN-A) aktiviert und es kommt zur Dephosphorylierung der Kernlokalisationssequenz von NFAT wodurch der aktivierte Transkriptionsfaktor in den Kern transloziert und die Expression entsprechender Zielgene auslösen kann (Abb. 1.2) [14-16].

Einleitung

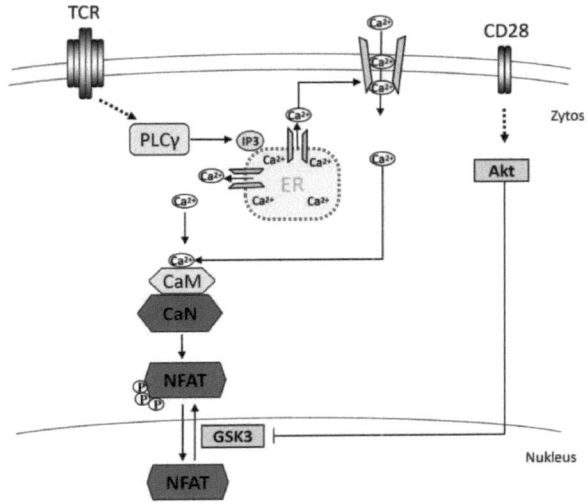

Abb. 1.2 Schematische Darstellung der NFAT-Aktivierung. Die TZR-Aktivierung bewirkt die Freisetzung von Ca^{2+}-Ionen aus dem ER (Endoplasmatischen Retikulum) in das Zytosol. Dadurch werden wiederum membranspannende CRAC-Kanälen (Calcium Release Activated Calcium Channels) geöffnet was zu einem weiteren Ca^{2+}-Einstrom führt. Ca^{2+}/Calmodulin aktiviert die Serin/Threonin-Phosphatase Calcineurin (CaN) und es kommt zur Dephosphorylierung von NFAT wodurch der aktivierte Transkriptionsfaktor in den Kern transloziert und die Expression entsprechender Zielgene auslösen kann.
Die über den Ko-Rezeptor CD28 aktivierte Kinase Akt aktiviert die Kinase GSK3 was zu einer Rephosphorylierung von NFAT, und daraufhin zu einem Rücktransport von NFAT in das Zytosol führt. Dadurch wird die Signalübertragung terminiert.

1.3.2 Aktivierung von AP-1

Nach Stimulation des TZR und daraus resultierender Aktivierung der PKCθ und der GTPase Ras, kommt es zur Aktivierung des Raf/MAPK/Erk-Signalwegs und dadurch zur Aktivierung des Signalproteins c-jun und zur Expression des Signalproteins c-fos. Nach Assoziation beider Proteine bilden diese den heterodimeren Transkriptionsaktivatorkomplex AP-1 (Activator Protein 1). Die durch Ras aktivierte Serin/Threonin Kinase Raf aktiviert im weiteren Verlauf die MAP-Kinasen MEK und ERK1/2. Die Kinase ERK1/2 aktiviert den Transkriptionsfaktor ELK1 welcher die Expression von c-fos initiiert.

Einleitung

Die Expression von c-jun ist abhängig von der Formierung eines Dimers aus c-jun und dem Transkriptionsfaktor ATF2 und der Bindung an eine entsprechende Konsensussequenz auf der DNA [17]. ATF2 wird durch die MAP-Kinase p38 phosphoryliert, welche wiederum durch eine Ras/Raf-Interaktion aktiviert wird. Die Aktivierung von c-jun wird von JNK (c-jun N Terminal Kinase) kontrolliert. JNK wird ebenfalls über den RAS/RAF/MAPK-Signalweg aktiviert und phosphoryliert c-jun nach Translokation in den Zellkern (Abb. 1.3)[18-19].

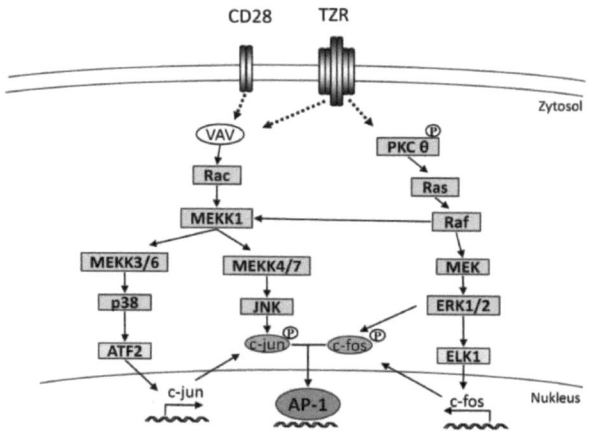

Abb. 1.3 Schematische Darstellung der AP-1-Aktivierung. Nach Aktivierung der PKCθ wird der Transkriptionsfaktor ELK1 über die GTPase Ras und die Kinasen Raf, MEK und ERK1/2 aktiviert. ELK1 reguliert die Expression von c-fos. C-fos wird durch ERK1/2 aktiviert. Die c-jun Expression wird über den Transkriptionsfaktor ATF2 reguliert, welcher von der MAP-Kinase p38 aktiviert wird. C-jun wird über Ras/Raf/MEKK4/7und JNK aktiviert und bildet mit aktiviertem c-fos ein Heterodimer, den Transkriptionsfaktor AP-1.

Ein limitierender Faktor für die AP-1 gesteuerte Zytokinproduktion scheint aber c-fos zu sein. Beeinflusst man die c-fos Expression durch spezifische Inhibierung von ERK1/2, so produzieren humane CD4-Gedächtniszellen entsprechend weniger IL-2. Eine Mindestmenge dieser AP-1 Komponente scheint demnach für die IL-2 Genexpression erforderlich zu sein. Daher besteht ein Zusammenhang zwischen der Menge an exprimierten und aktivierten

Einleitung

Transkriptionsfaktoren und dem Vermögen einer Zelle, bestimmte Zytokine zu exprimieren (Dissertation Hanna Bendfeldt, AG Baumgraß, DRFZ Berlin).

1.3.3 Aktivierung von NF-κB über den kanonischen Signalweg

Nach Aktivierung der PKCθ durch TZR-vermittelte Signalprozesse kommt es zunächst zur Bildung eines Signalkomplexes bestehend aus CARMA1/Bcl-10/MALT1 (CBM-Komplex). PKCθ phosphoryliert das membranassoziierte Gerüstprotein CARMA1 wodurch es zur Auffaltung und Freilegung der Caspase Recruitment Domäne kommt (CARD) [20]. Über diese Interaktionsdomäne wird der zytosolische Proteinkomplex aus dem Adapterprotein Bcl-10 und dem Gerüstprotein MALT1 zu CARMA1 rekrutiert. MALT1 enthält Ig-like-Domänen (Immunglobulin-ähnliche Domänen) an welche die Ubiquitinligase TRAF6 (TNF Receptor associated factor 6) bindet. Diese Bindung ermöglicht eine K-63-Autoubiquitinieurung von TRAF6 und Ubiquitinierung von MALT1 wodurch die physikalische Interaktion mit dem Gerüstprotein IKKγ ermöglicht wird [21]. IKKγ ist die regulatorische Untereinheit des IKK-Komplexes dem ebenfalls die katalytischen Untereinheiten IKKα und IKKβ angehören. Voraussetzung für die vollständige Aktivierung dieses Trimers ist die Ubiquitinierung von IKKγ durch TRAF6 und die Phosphorylierung von IKKα/β durch TAK1 (Transforming Growth Factor β associated kinase 1).

TAK1 ist ebenfalls ein Substrat von PKCθ und trägt zur Aktivierung von IKKα/β unabhängig von der Assoziation des CARMA1/Bcl-10/MALT1 Komplexes bei [22-23]. Nach vollständiger Aktivierung des IKK-Komplexes wird IκBα von IKKβ phosphoryliert. Daraufhin erfolgt innerhalb von 15 min Ubiquitinierung und der komplette proteasomale Abbau von IκBα. Dadurch wird die Kernimportsequenz von p65 freigelegt und das Heterodimer aus p65/p50 transloziert in den Zellkern. IKKβ phosphoryliert p65 an Serin 529 und 536 und bewirkt damit dessen vollständige transkriptionelle Aktivität (Abb. 1.4)[24].

Einleitung

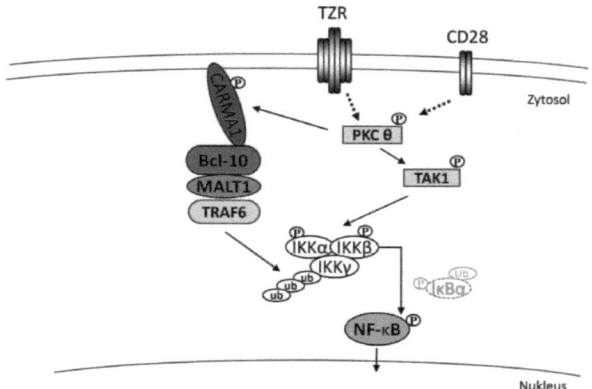

Abb. 1.4 Schematische Darstellung der TZR-vermittelten NF-κB-Aktivierung. Die durch den TZR-Stimulus aktivierte PKCθ phosphoryliert das membranassoziierte Gerüstprotein CARMA1 wodurch Bcl-10 und MALT1 rekrutiert werden. Der aktive CARMA/Bcl-10/MALT1 (CBM)-Komplex ermöglicht die Assoziation der Ubiquitinligase TRAF6 und damit die Ubiquitinierung von IKKγ durch TRAF6. Nach IKKα und IKKβ-Phosphorylierung durch die Kinase TAK1 wird der IKK-Komplex vollständig aktiviert. IKKβ phosphoryliert IκBα und NF-κB p65. Nach Ubiquitinierung und proteasomalen Abbau von IκBα transloziert das aktivierte p65 in den Kern und bindet an entsprechende Zielsequenzen auf der DNA.

Die Aktivierung von NF-κB über den klassischen Signalweg kann jedoch auch unabhängig vom TZR Stimulus erfolgen. Über die Bindung des proinflammatorischen Zytokins TNFα (Tumor Necrosis Factor α) an den TNFα-Rezeptor (TNFR1 oder TNFR2) wird die Ubiquitinligase TRAF2 aktiviert und ubiquitiniert RIP1 (Receptor Interactin Protein 1). RIP1 rekrutiert IKKγ an den Rezeptorkomplex und ermöglich dadurch die Phosphorylierung von IKKβ durch TAK1. IKKβ phosphoryliert nun IκBα und aktiviert dadurch NF-κB.

Alternativ kann die Stimulation von Toll-like-Rezeptoren (TLR) oder die Bindung von IL-1 die Aktivierung von NF-κB auslösen. Dabei werden die Adapterproteine TRIF und MyD88 aktiviert die beide TRAF6 rekrutieren können. TRAF6 ubiquitiniert wiederum RIP1 wodurch TAK1 und im Endeffekt der IKK-Komplex aktiviert wird [24].

1.3.4 Aktivierung von NF-κB über den alternativen Signalweg

Die alternative Aktivierung von NF-κB dient in erster Linie zur Steuerung von Prozessen der adaptiven Immunantwort [25]. Die Stimulation des alternativen NF-κB Signalwegs wird beispielsweise über Zytokine oder Bindung des CD40 Ligand von T_H-Zellen an CD40 auf antigenpräsentierenden Zellen initiiert. Dabei kommt es zu einer Reihe von TRAF2/3 vermittelten Ubiquitinierungen wodurch es zur Aktivierung der NF-κB inducing Kinase (NIK1) kommt. NIK1 phosphoryliert IKKα wodurch wiederum das inhibitorische NF-κB-Vorläuferprotein p100 phosphoryliert wird. P100 liegt gebunden an RelB im Zytosol vor und verhindert die Kerntranslokation von RelB. Phosphorylierung von p100 bewirkt dessen proteasomalen Abbau zu p52, wodurch das transkriptionsinitiierende Heterodimer aus RelB/p52 in den Kern translozieren kann.

Die Betrachtung des alternativen Signalwegs spielte jedoch aufgrund seiner verzögerten Kinetik und der Unabhängigkeit vom CARMA1/Bcl-10/MALT1 Komplex keine Rolle für die Untersuchungen dieser Arbeit.

1.4 Die Rolle des Transkriptionsfaktors NF-κB bei der Regulierung von Immunantworten

Der Transkriptionsfaktor NF-κB (Nuclear Factor kappa-light-chain-enhancer of activated B cells) ist ein entscheidender Vermittler und Regulator einer Vielzahl von biologischen Prozessen. Effektorfunktionen wie die Expression von Zytokinen, Wachstumsfaktoren und Enzymen werden von NF-κB ebenso vermittelt, wie die B- und T-Zell Aktivierung, Zellmaturierung, Migration und Proliferation [26]. Diese Fülle an Reaktionen erfordert die Integration von Stimuli verschiedener Rezeptoren, da der Vielzahl an Stimuli nur eine vergleichsweise geringe Anzahl an Transkriptionsfaktoren gegenübersteht [27]. NF-κB kann beispielsweise über den T-und B- Zell Rezeptor (TZR und BZR), TNF-Rezeptor, CD40, BAFF-Rezeptor, Lymphotoxin-β-Rezeptor, Toll-like-

Einleitung

Rezeptoren und die IL-1-Rezeptorfamilie [27] aktiviert werden. Je nach Rezeptor wird die NF-κB- Aktivierung über den klassischen oder alternativen Signalweg vermittelt (siehe Abs.1.3.4) wobei entsprechend signalwegsspezifische Gene exprimiert werden. Durch knockout Studien an Mäusen konnte beispielsweise gezeigt werden, dass der klassische Signalweg die Expression von proinflammatorischen Zytokinen und Komponenten des angeborenen Immunsystems steuert (IL-2, IL-6, Chemokine, Adhäsionsmoleküle), während über den alternativen Signalweg die Expression von Genen zur Entwicklung von sekundären lymphoiden Organen (Lymphknoten, Peyers Patches) vermittelt wird [25].

Die biologische Bedeutung von NF-κB wird jedoch auch außerhalb des Immunsystems deutlich. Das Wachstum von Milchdrüsen, der Haut und Nervenzellen sowie die Embryonalentwicklung erfordern die Aktivierung von NF-κB.

Andererseits kann die Fehlregulation von NF-κB auch zu Autoimmunerkrankungen, chronischen Entzündungen, Krebs, Asthma, Diabetes und Arteriosklerose führen [1].

Daher besteht großes Interesse an der Aufklärung von NF-κB-Aktivierungsprozessen, um therapeutische Strategien zur Behandlung dieser Krankheiten zu entwickeln.

1.4.1 Struktur von NF-κB Proteinen

Zur Familie der NF-κB Transkriptionsfaktoren gehören NF-κB1 (p105/p50), NF-κB2 (p100/p52) RelA (p65), c-Rel und RelB die als gemeinsames strukturelles Merkmal eine konservierte N-terminale „Rel Homology Domain" (RHD) besitzen (Abb.1.5). Über diese Domäne erfolgt die Assoziation von NF-κB Proteinen zu Homo-und Heterodimeren und die Bindung an Promotoren NF-κB gesteuerter Gene. P65, RelB und c-Rel besitzen eine C-terminale Transaktivierungsdomäne (TAD) die für die Initiierung der Genexpression nötig ist. P50 und p52 fehlt diese Domäne dagegen. Um die Transkription zu aktivieren sind sie auf die Assoziation von p65, RelB, c-Rel oder anderen Proteinen mit einer Transaktivierungsdomäne (z.B. Bcl-3) angewiesen [28]. Homodimere aus p50 oder p52 wirken daher inhibierend auf die Transkription und haben so eine Art Kontrollfunktion. Die Transkription kann demnach erst initiiert werden, wenn ein Protein mit TAD ein Heterodimer mit p50 bzw. p52 eingeht [29]. Häufig vorkommende aktivierende NF-κB Heterodimere sind p65/p50, c-Rel/p50, RelB/p100 und RelB/p52 [24].

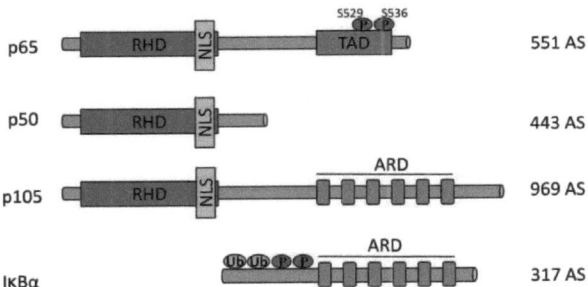

Abb.1.5 Schematische Darstellung der Struktur von NF-κB p65, p50, p105 und IκBα. Dargestellt sind typische Domänen und wichtige posttranslationale Modifikationen (Phosphorylierung und Ubiquitinierung). RHD (rel homology domain), TAD (Transactivation domain), NLS (nuclear localization sequence), ARD (Ankyrin-repeat domain), AS (Aminosäuren)

NF-κB Proteine sind im inaktiven Zustand an inhibitorische IκB-Proteine (Inhibitors of NF-κB= IκB) gebunden welche eine charakteristische Ankyrin-Repeat-Domäne (ARD) enthalten (Abb.1.5). Zu den Inhibitorproteinen gehören IκBα, IκBβ, IκBε, IkBζ und Bcl-3. Sie maskieren die Kernlokalisationssequenz in der RHD von NF-κB Proteinen und halten sie dadurch im Zytosol zurück. P100 und p105 besitzen im C-Terminus ebenfalls eine ARD. Durch Aktivierung des alternativen (p100) bzw. klassischen (p105) Signalwegs werden die

Einleitung

Vorläuferproteine proteolytisch zu p52 bzw. p50 gespalten wodurch die ARD entfernt wird und sich aktivierend Dimere bilden können [29].

1.5 Essentielle Komponenten der NF-κB und NFAT-Aktivierung

1.5.1 Der CARMA1/Bcl-10/MALT1 Signalkomplex

Nach TZR-Stimulation kommt es zur Assoziation eines Signalkomplexes bestehend aus den Proteinen CARMA1, Bcl-10 und MALT1 (CBM-Komplex). CARMA1 rekrutiert die beiden konstitutiv assoziierten Proteine Bcl10 und MALT1 und fungiert daher als eine molekulare Brücke zwischen proximalen Signalprozessen und der Aktivierung des IKK-Komplexes. Durch knockout Studien wurde belegt, dass die Assoziation des CBM-Komplexes essentiell für die TZR vermittelte, kanonische NF-κB-Aktivierung, jedoch nicht für die Aktivierung durch TNFα und des alternativen NF-κB-Signalweges ist [2, 30-33].

1.5.1.1 CARMA1

Das membranassoziierte Gerüstprotein CARMA1 (CARD Containing MAGUK Protein 1) gehört aufgrund von Sequenzhomolgien zur Familie der Membrane-Associated Guanylate Kinasen (MAGUK), besitzt jedoch selbst keine enzymatische Aktivität.

Struktur

Durch die N-terminale Caspase Recruitment Domäne (CARD) ist CARMA1 in der Lage, mit der CARD anderer Signalproteine zu interagieren. Auf die CARD folgt eine Coiled Coil-Domäne und eine Linker Region, welche die Verbindung zu den charakteristischen MAGUK-Domänen PDZ, SH3 und GUK herstellt [34]. In T Zellen ist die CARD für die Interaktion mit Bcl-10, die Coiled Coil-Domäne für die Bindung von MALT1, die linker Region für die Bindung von PKCθ, die SH3 Domäne für die Bindung an Lipid Rafts und die GUK Domäne für die Bindung von PDK1 (Phosphoinositide-Dependent Kinase 1) zuständig (Abb. 1.6) [35].

Abb.1.6 Schematische Darstellung der Struktur von CARMA1. Das Gerüstprotein besitzt folgende Interaktionsdomänen: CARD (caspase recruitment domain), CC (coilded coil), PDZ (PSD95, DLG and ZO1 homology), SH3 (Src homology 3) und GUK (guanylate kinase).

Vorkommen

Es sind mehrere Isoformen von CARMA bekannt, jedoch wird CARMA1 nur in Milzzellen, Thymozyten und Lymphozyten exprimiert [36-37].

Funktion

Bedingt durch seine verschiedenen Interaktionsdomänen ist CARMA1 ein wichtiges Bindeglied zwischen Zellmembran und Zytosol. CARMA1 ist konstitutiv mit der zytosolischen Seite der Zellmembran assoziiert und wird nach Stimulation an die immunologische Synapse rekrutiert. Dort ist es an der Bildung von SMAC's beteiligt indem es in seiner Eigenschaft als Gerüstprotein die Signalproteine PKCθ, Bcl-10, MALT1 und IKKβ rekrutiert [38]. In ruhenden Zellen ist die CARD durch Rückfaltung der Linker Region zunächst verdeckt. Nach Aktivierung phosphoryliert PKCθ Serinreste in der Linker Region (an Ser 552, 637, 645) wodurch es zu einer Auffaltung kommt bei der die CARD exponiert wird und Bcl-10 binden kann.

Die Bedeutung von CARMA1 für die NF-κB Aktivierung in Lymphozyten wird anhand von Mutationsanalysen deutlich. Punktmutationen in der CARD oder komplette Deletion von CARMA1 zeigten nach TZR-Stimulation eine reduzierte NF-κB Aktivierung, IL-2 Produktion und Proliferation, während die Aktivierung von NFAT und MAP-Kinasen unbeeinflusst blieb [32-33, 39-40].

1.5.1.2 Bcl-10

Bcl-10 (B cell chronic lymphocytic leukemia und/oder B cell lymphoma 10) ist ein Adapterprotein (32kDa), das in Verbindung mit CARMA1 und MALT1 einen Aktivatorkomplex bildet. Identifiziert wurde *Bcl-10* anhand der chromosomalen Translokation t(1;14)(p22;q32) in Patienten mit MALT-Lymphom. Dabei ist *Bcl-10* in die Nähe starker enhancer Elemente des B-Zell-IgG Promotors verschoben was zu seiner Überexpression führt. Aufgrund der chromosomalen Translokation wird jedoch nur eine trunkierte Form von Bcl-10 exprimiert, der die CARD fehlt. Diese Domäne ist nicht nur für homotypische Proteininteraktionen notwendig, sondern wurde auch in Proteinen identifiziert, die an der Apoptoseregulation beteiligt sind. Das Fehlen der CARD (und die dadurch verhinderte Apoptose) sowie eine durch Bcl-10-Überexpression hervorgerufene konstitutive NF-κB–Aktivierung, wurden als Ursache für die pathogene Wirkung von *Bcl-10* t(1;14)(p22;q32) in Lymphoma Patienten angenommen [41-43].

Struktur

Bcl-10 enthält eine N-terminale CARD über die eine homotypische Interaktion mit CARMA1 nach TZR-Stimulation erfolgt. Auf die CARD folgt eine kurze Aminosäuresequenz aus dreizehn Aminosäuren, über welche konstitutiv MALT1 gebunden ist [44]. Der C-Terminus von Bcl-10 ist reich an Ser/Thr-Resten die als Substrat von IKKβ [45], CaMK II [46], p38 [47] und RIP2 [48] beschrieben wurden (Abb.1.7). Die physiologische Relevanz der Phosphorylierungen ist gegenwärtig noch nicht eindeutig geklärt [35].

Einleitung

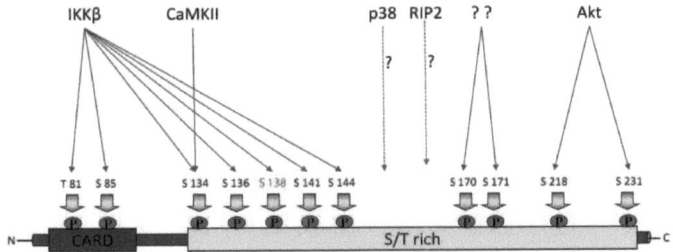

Abb. 1.7 Schematische Darstellung der Struktur von Bcl-10 und Übersicht über Phosphorylierungsstellen und respektive Kinasen. Phosphorylierungen erfolgen hauptsächlich im C-Terminus, der reich an Ser/Thr-Resten ist. Durch Bcl-10 Phosphorylierungen wird die TZR-vermittelte NF-κB-Aktivierung reguliert [35]. CARD= Caspase Recruitment Domäne

Vorkommen

Im Gegensatz zu CARMA1, dessen Expression auf Lymphozyten beschränkt ist, wurde Bcl-10-Expression in Mastzellen, Dentritsichen Zellen, in der Leber und im Thymus detektiert. Bcl-10 mRNA konnte zudem in Herz-, Leber-, Nieren,- Milz- und Thymusgewebe nachgewiesen werden [49-50].

Funktion

Eine Hauptfunktion von Bcl-10 besteht in der Weiterleitung der Signale vom TZR bzw. des kostimulatorischen Rezeptors zur Aktivierung des Transkriptionsfaktors NF-κB. Wie NF-κB ist Bcl-10 demnach an einer Vielzahl von biologischen Reaktionen beteiligt, die über den TZR bzw. BZR (B-Zell-Rezeptor) vermittelt werden. Genetische Studien belegen, dass Bcl-10 für die Aktivierung, Entwicklung und Proliferation von T- und B-Zellen, Aktinpolymerisation in T-Zellen, Schließung des Neuralrohrs und der Gehirnentwicklung in Mäusen notwendig ist [44]. Bcl-10 knockout Mäuse entwickeln Enzephalitis und sterben meist schon im Embryonalstadium. Überleben sie, leiden sie an schwerer Immundefizienz da die Entwicklung von T-und B-Zellen massiv beeinträchtigt ist [51-52].

Einleitung

In nicht-Immunzellen ist Bcl-10 an der Signalübertragung über G-Protein gekoppelte Rezeptoren (GPCR) wie den Angiotensin II-Rezeptor (ATR) beteiligt. Das Peptidhormon Angiotensin II (zuständig für die Regulierung des Blutdrucks, aber auch Auslöser von Entzündungen der Leber) löst nach Bindung an den ATR den NF-κB Signalweg aus. Reduzierung der Bcl-10-Proteinexpression durch si-RNA verringerte die NF-κB-Aktivierung nach Angiotensin II Bindung [49].

1.5.1.3 MALT1

MALT1 (Mucosa-Associated Lymphoid Tissue (MALT) lymphoma translocation gene 1) ist ein zytosolisches Gerüstprotein, das konstitutiv mit dem Adapterprotein Bcl-10 assoziiert ist. MALT1 wurde anhand der chromosomalen Translokation t(11;18)(q21;q21) in B Zell- MALT-Lymphomen identifiziert. Aufgrund dieser Translokation kommt es zur Fusion von *MALT1* mit *cIAP2* (cellular apoptosis inhibitor-2). Das dadurch exprimierte Fusionsprotein verursacht eine konstitutive NF-κB-Aktivierung, wodurch es zu einer starken, Antigen unabhängigen Proliferation von B-Zellen kommt. Die starke Proliferation von B-Zellen kann schließlich zur Entstehung von B Zell-Lymphomen führen [53].

Struktur

Aufgrund von Sequenzhomologien zu Caspasen und Metacaspasen wurde MALT1 als Paracaspase bezeichnet. In seiner Eigenschaft als Gerüstprotein besitzt MALT1 mehrere verschiedene Interaktionsdomänen.

Im N-Terminus befindet sich eine Death Domain (DD) an die sich zwei Ig-1 (Immunglobulin like) Domänen anschließen, gefolgt von einer CLD (Caspase Like Domain) und einer weiteren C-terminalen Ig-1 Domäne. Über die N-terminalen Ig-Domänen bindet Bcl-10, während die C-terminale Ig-Domäne der Interaktion mit IKKγ dient. Zudem besitzt MALT1 drei potentielle TRAF6-

Einleitung

Bindestellen (Abb. 1.8) [31].

Abb.1.8 Schematische Darstellung der Struktur von MALT1. MALT1 besitzt mehrere Interaktionsdomänen: DD=Death Domain; Ig-Domänen und eine Caspase like domain

Vorkommen

Bisher wurde MALT1 in allen Zellen und Geweben nachgewiesen, in denen ebenfalls Bcl-10 exprimiert wird [49]. Daher wird angenommen, dass beide Proteine über den gleichen molekulare Mechanismus aktiviert werden [31].

Funktion

MALT1 ist wie Bcl-10 essentiell für die rezeptorvermittelte Aktivierung von NF-κB. Als Gerüstprotein ermöglicht MALT1 die Assoziation der Signalproteinen CARMA1, Bcl-10, IKKγ und TRAF6 zum Beispiel in T-und B Zellen, NK Zellen und Myelozyten. Knock out Studien an Mäusen zeigten, dass MALT1 zudem eine Rolle bei der Aktivierung der jun-N-terminalen-Kinase (JNK) spielt, während die Aktivierung von ERK oder der Ca^{2+}-Einstrom nicht beeinträchtigt sind [31, 54].

Für lange Zeit ungewiss blieb die Funktion der MALT1-Caspasedomäne. In einer kürzlich veröffentlichen Studie konnte jedoch erstmals gezeigt werden, dass Bcl-10 ein Substrat von MALT1 ist. Nach TZR Stimulation wird Bcl-10 durch MALT1 im C-Terminus gespalten, was jedoch nicht die Aktivierung von NF-κB beeinflusst [55]. Die Spaltung von Bcl-10 wird für die Stabilisierung von Integrinen benötigt, welche wichtig für die Herstellung von Zell-Zell-Kontakten sind. Beispielsweise werden die Bindung antigenpräsentierender Zellen an T-Zellen oder die Zell-Migration über Integrine vermittelt. In diesem Zusammenhang kann auch über eine Rolle von MALT1 bei der Integrin-abhängigen Entwicklung von Marginalzonen-B Zellen in der Milz spekuliert

Einleitung

werden [56], da diese B Zellen in MALT1 defizienten Mäusen drastisch reduziert sind [54].

1.5.1.4 Calcineurin

Calcineurin (CaN), auch als Protein Phosphatase 3 (PP3) bezeichnet, ist die einzige eukaryotische Ca2+/Calmodulin-abhängige Serin/Threonin Phosphatase.

Struktur

CaN ist ein heterodimeres Protein bestehend aus der regulatorischen, Ca^{2+}-bindenden Untereinheit Calcineurin-B (CaN-B, 19kDa) und der katalytischen Untereinheit Calcineurin-A (CaN-A, 60kDa). Die Primärsequenzen als auch die Quartärstruktur dieser beiden Untereinheiten sind von Hefen bis zu Säugern hoch konserviert.

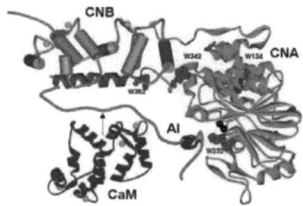

Abb.1.9 Darstellung der Tertiärstruktur von Calcineurin. Calcineurin –A ist grün, Calcineurin-B orange, Calmodulin blau und die Autoinhibitorische Domäne (AI) ist grau dargestellt. Abbildung nach [57].

Die katalytische Untereinheit CaN-A enthält neben einer Bindestelle für Calmodulin eine katalytische Domäne und drei C-terminale regulatorische Domänen. Dazu gehören die CaN-B Binddomäne, die Calmodulin-Bindedomäne und die autoinhibitorische Domäne (Abb. 1.9). Im inaktiven Zustand ist die autoinhibitorische Domäne im aktiven Zentrum von CaN-A gebunden und blockiert es dadurch. In Säugern kommen die drei Isoformen CaN-Aα, -Aβ und- Aγ vor.

Vorkommen

Die Wichtigkeit von CaN für biologische Prozesse wird anhand der nahezu ubiquitären Expression in Eukaryoten deutlich. Die Phosphatase kommt in Schleimpilzen (*Dictyostelium discoideum*), Schimmelpilzen (*Botrytis cinerea, Aspergillus nidulans*), Hefen (*Saccharomyces cerevisiae*), Nematoden (*Caenorhabditis elegans*), Amphibien (*Xenopus laevis*) und Insekten (*Drosophila melanogaster*) vor [58-59]. In Säugern wird CaN in den unterschiedlichsten Zelltypen (Lymphozyten, Nervenzellen, Herzmuskelzellen, glatten Muskelzellen, Osteoklasten) und entsprechend vielen Organen (Gehirn, Herz, Lunge, Nieren, Leber, Bauchspeicheldrüse) exprimiert [59-60]. CaN-B ist ein Homolog zu Calmodulin und enthält vier Ca^{2+}- bindende EF-Hand-Motive. In Säugern werden die Isoformen B1 und B2 exprimiert [59-60].

Funktion

Entsprechend der Verbreitung von CaN in den unterschiedlichsten Organsimen und Zelltypen, sind auch die biologischen Funktionen von CaN sehr vielfältig. Im Schleimpilz *Dictyostelium discoideum* ist CaN beispielsweise an der Zellkommunikation, der Sporenbildung und Entwicklung der Stielzellen beteiligt [58-59, 61-62]. Zellwachstum, Differenzierung sowie Virulenz des Grauschimmelpilzes *Botrytis cinerea* werden ebenfalls durch CaN beeinflusst (Bettina Tudzynski, Institut für Botanik, WWU Münster, Vortrag CaN Symposium 2010, [63]). Im Gehirn von Säugern steuert CaN unter anderem die Hormonausschüttung, Regulation von Ionenkanälen, Gedächtnisbildung, Freisetzung von Neurotransmittern und Apoptose [59]. Zudem spielt CaN eine Rolle bei der geschlechtsspezifischen kardio-renalen Hypertrophie, einer krankhafte Vergrößerung des Herzmuskels (Dennis Gürgen, AG Dragun, Charité, Vortrag CaN Symposium 2010). Eine essentielle Funktion hat CaN bei der Aktivierung und Differenzierung von T-Zellen und ist speziell für die Dephosphorylierung und Aktivierung des Transkriptionsfaktors NFAT

Einleitung

zuständig [64]. Durch Modulation der CaN-Aktivität mit Hilfe von Inhibitoren wie Cyclosporin A (CsA) kann die adaptive Immunantwort völlig abgeschaltet werden [65], weshalb CaN auch als Achillesferse des Immunsystems bezeichnet wird [66].

Substrate von CaN

Bisher sind neben NFAT noch weitere CaN-Substrate wie ELK-1 [67], JNK [68] und IκBβ [69] identifiziert worden. In *Saccharomyces cerevisiae* konnte zudem eine Interaktion von CaN mit essentiellen Proteinen zur Stressantwort (Crz1, Hph1, Slm1, Slm2) festgestellt werden [70].

Strukturelle Basis für eine CaN-Substrat-Interaktion ist das PxIxIT-Motiv, welches in allen CaN-bindenden NFAT-Proteinen identifiziert wurde [71]. Über diese calcineurinbindende Region (CNBR) sind die Proteine stimulationsunabhängig an CaN gebunden und gelangen dadurch in die Nähe des aktiven Zentrums von CaN-A.

1.6 Modulation der T-Zellaktivierung

1.6.1 Zellstimulation *in vitro*

Um den natürlichen Ablauf der Signalprozesse *in vitro* so adäquat wie möglich zu simulieren, müssen entsprechende physiologische Stimulationsbedingungen geschaffen werden. *Ex vivo* isolierte Zellen können dazu beispielsweise mit bestrahlten antigenpräsentierenden Zellen und speziellen Antigenen bzw.Antikörpern gegen den TZR und CD28 inkubiert werden. Eine gleichmäßige und starke Aktivierung von T-Zellen wird aber durch Stimulation mit dem Phorbolester PMA (Phorbol-12-Myristat-13-Acetat) und dem Ca^{2+}-Ionophor Ionomycin (Iono) erreicht. Mit Hilfe dieser membrangängigen, intrazellulär wirkenden Substanzen kann der TZR- und Ko-Stimulus umgangen werden [72]. PMA wirkt analog zu DAG aktivierend auf PKC's und aktiviert dadurch die NF-κB und AP-1 Signalwege [73]. Ionomycin (entdeckt im

Bakterium *Streptomyces conglobatus)* lagert sich in die Lipiddoppelschicht von Membranen ein und induziert dadurch einen massiven Ca^{2+}-Einstrom, der die Aktivierung von NFAT auslöst [74]. Mit einer PMA/Iono Stimulation kann daher die TZR-Stimulation umgangen werden [75]. Der Vorteil einer Stimulation mit PMA/Ionomycin ist die Möglichkeit der Regulierung der Signalstärke. Anhand unterschiedlicher Konzentrationen von PMA/Ionomycin konnte z.B. gezeigt werden, dass die Aktivierung von NFAT, NF-κB und JNK von der zytosolischen Ca^{2+}-Konzentration abhängt. [72].

Für Untersuchungen in dieser Arbeit wurden die Zellen mit PMA/Iono und Antikörpern gegen CD3/CD28 stimuliert.

1.6.2 Inhibitoren

Mit Hilfe von Inhibitoren lassen sich Signalstärke, Genexpression und Zelldifferenzierung ebenfalls gezielt modulieren. Sie sind daher wichtige Werkzeuge für die Aufklärung molekularer Mechanismen der Signalübertragung durch deren Anwendung man beispielsweise die Beteiligung eines Transkriptionsfaktors an der Expression bestimmter Gene ermitteln kann. Eine wichtige Voraussetzung für die Anwendbarkeit eines Inhibitors (für Forschungs- sowie klinische Anwendungen) ist dessen Signalwegsspezifität. Daher ist es wichtig zunächst die Kreuzreaktivität eines Inhibitors zu überprüfen. Beeinflusst ein Inhibitor auch andere Signalwege, so deutet dies möglicherweise auf molekulare Vernetzungen hin. Der immunsuppressiv wirkende CaN- Inhibitor Cyclosporin A (CsA) beeinflusst beispielsweise auch die Aktivierung des Transkriptionsfaktors NF-κB [76] und die Aktivierung von c-jun [77].

Ein Teil dieser Arbeit bestand daher darin, ausgewählte Inhibitoren des NFAT Signalwegs auf ihre Kreuzreaktivität bezüglich der NF-κB und AP-1-Aktivierung zu untersuchen. Diese verwendeten Inhibitoren werden im Folgenden vorgestellt.

Einleitung

1.6.2.1 *AM404*

Auf der Suche nach der antiinflammatorischen Wirkung von Paracetamol (Acetaminophen) wurde im Gehirn ein Spaltprodukt identifiziert, welches an der Schmerz- und Thermoregulation beteiligt ist, aber auch immunsuppressive Eigenschaften aufweist (Abb.1.10).

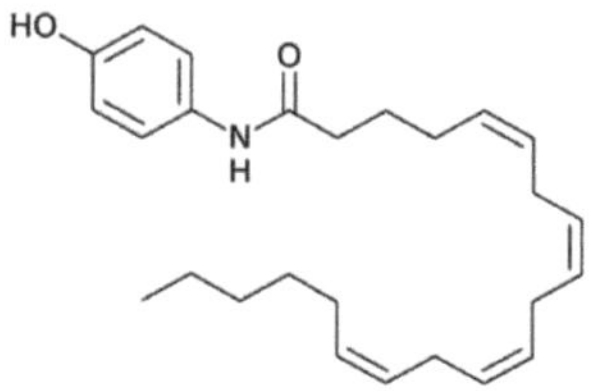

Abb. 1.10 Die Strukturformel von AM404 (N-[4-hydrophenyl]- eicosa-5,8,11,14-tetraenamide) Der Inhibitor ist ein Spaltprodukt von Paracetamol.

Dieses Spaltprodukt AM404 (N-[4-hydrophenyl)-eicosa-5,8,11,14-tetraenamide) inhibiert die Kerntranslokation und DNA-Bindung von NFAT, interferiert aber nicht mit der Dephosphorylierung von NFATc2 und dem Ca^{2+}-Einstrom. Dagegen sind IL-2- und TNFα- Produktion in Jurkat Zellen und die T-Zell Proliferation durch AM404 gestört [78-79].

1.6.2.2 *BTP1*

Die niedermolekulare Substanz BTP1, ein Derivat von 3,5-Bistrifluoromethyl Pyrazol (BTP) wurde in einer chemischen Substanzbibliothek auf der Suche nach Inhibitoren der IL-2-Produktion entdeckt (Abb. 1.11) [80]. BTP1 blockiert die Dephosphorylierung und Kerntranslokation von NFATc ohne jedoch die CaN-Aktivität gegenüber Elk1 zu beeinträchtigen.

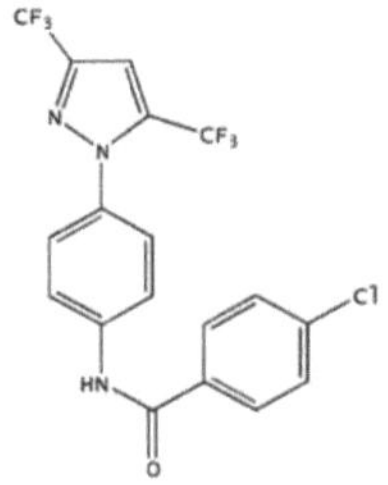

Einleitung

Abb. 1.11 Die Strukturformel von BTP1 (3,5-Bistrifluoromethyl Pyrazol)

Zudem inhibiert BTP1 die IL-2-Produktion in PBMCs (Peripheral Blood Mononuclear Cell) und die T-Zell-Proliferation [80].

1.6.2.3 NCI3

NCI3 ist ein nichttoxisches, Zellmembran-permeables Pyrazolpyrimidinderivat (Abb.1.12). Im zellfreien System inhibiert NCI3 die Dephosphorylierung von NFAT jedoch nicht die Dephosphorylierung von ELK-1 und auch nicht die Phosphataseaktivität von CaN. In primären humanen T-Zellen wurden Inhibierung der NFATc2 Dephosphorylierung, IL-2 Produktion und Proliferation beobachtet. In Reportergenanalysen konnte zudem ein inhibitorischer Einfluss auf NF-κB jedoch nicht auf AP-1 festgestellt werden.

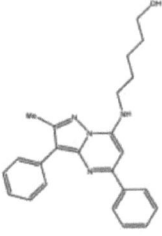

Abb. 1.12 Die Strukturformel von NCI3, ein Derivat von Pyrazolpyrimidin

Einleitung

Der Wirkmechanismus ist noch nicht genau geklärt, es gibt aber Hinweise das NCI3 an das PxIxIT-Motiv bindet und so die CaN/NFAT-Interaktion verhindert [79, 81].

1.6.2.4 *INCA6*

Der Inhibitor INCA6 gehört zur Gruppe der INCA Substanzen (Inhibitors of NFAT-CaN Association) (Abb. 1.13). Zudem gehört INCA6 zur Gruppe der Chinone, welche immunsuppressiv aber auch mutagen wirken [82]. INCA6 bindet kovalent an einen Zysteinrest in der Nachbarschaft des CaN-Bindemotivs für NFAT (PxIxIT) und verhindert dadurch die CaN/NFAT-Interaktion [83]. Untersuchungen in der Maus T-Zelllinie Cl.7W2 ergaben, dass die NFAT-Kerntranslokation und resultierend die IFNγ- und TNFα-Produktion durch INCA6 inhibiert werden [82, 84].

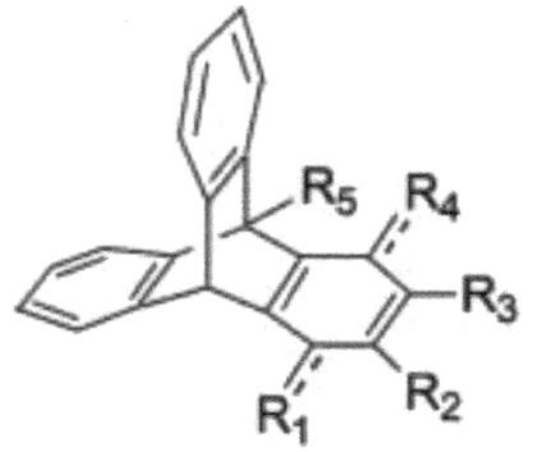

Abb. 1.13 Die Strukturformel des Chinons INCA6 (Inhibitor of NFAT-CaN Association). R1-R5 zeigen substituierbare Reste an, die je nach INCA Verbindung variieren. INCA6 enthält an R1 und R4 Sauerstoffreste und an R2, R3 und R5 Wasserstoffreste [82].

Ein Nachteil dieses Inhibitors ist jedoch seine hohe Zytotoxizität, was eine klinische Anwendung ausschließt.

1.6.2.5 *CsA*

Das Immunsuppressivum Cyclosporin A (CsA) wird hauptsächlich in der Transplantationsmedizin zur Vermeidung von Abstoßungsreaktionen aber auch in der Dermatologie zur Behandlung von Autoimmun- und allergischen Erkrankungen eingesetzt [85-86]. CsA (ursprünglich aus Pilzen isoliert) ist ein zyklisches Peptid bestehend aus elf Aminosäuren [87] welches die Ser/Thr-Phosphatase CaN und damit die Aktivierung von NFAT inhibiert (Abb.1.14). Die inhibitorische Wirkung kommt jedoch erst nach Bindung an intrazelluläre Rezeptoren, die Cyclophiline, zum Tragen [65, 79]. Der Komplex aus Cyclophilin A (CypA) und CsA bindet an CaN-A und verdrängt die autoinhibitorische Domäne vom aktiven Zentrum. Dadurch ist der Zugang von Subtraten zum aktiven Zentrum blockiert [88].

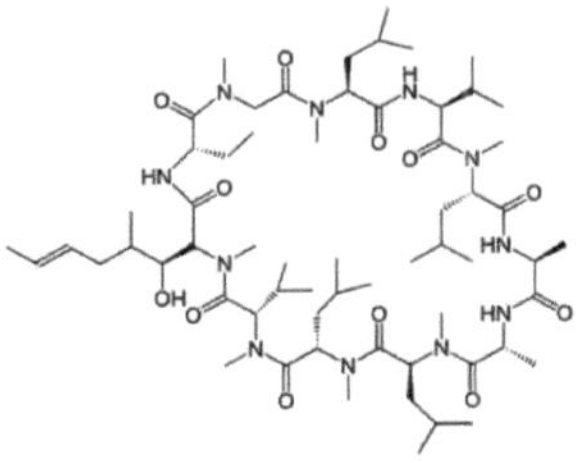

Abb. 1.14 Die Strukturformel von CsA. Cyclosporin A (CsA) ist ein zyklisches Peptid und bestehend aus elf Aminosäuren (M=1202,6 g/mol)[87].

Da CaN nicht nur in Immunzellen exprimiert wird, ist die Langzeitapplikation von CsA problematisch, da dadurch schwere Nierenzellschädigungen, Bluthochdruck oder Hyperkaliämie verursacht werden [89-90]. Daher wird nach spezifischeren Inhibitoren ohne derartige Nebenwirkungen gesucht. CsA wirkt zudem inhibitorisch auf die Aktivierung von NF-κB und AP-1 [76-77, 91-92].

2 Fragestellungen

Ausgehend von der bei Voruntersuchungen beobachteten Kreuzreaktivität des CaN-Inhibitors Cyclosporin A (CsA) auf die TZR-induzierte Aktivierung von NF-κB und AP-1 sollten folgende Fragen beantwortet werden:

1. Welchen Einfluss hat die Inhibierung der Ser/Thr Phosphatase CaN durch den Inhibitor CsA auf die TZR-vermittelte Aktivierung des Transkriptionsfaktors NF-κB in primären humanen Th-Zellen?
2. Wirken die CaN/NFAT-Inhibitoren AM404, BTP1, NCI3 und INCA6 ebenfalls inhibierend auf die TZR-induzierten Signalwege NF-κB und AP-1?

Die Rolle von CaN bei der kanonischen NF-κB Aktivierung wurde bereits in der Literatur beschrieben [76, 91-92]. Dennoch waren die molekularen Grundlagen einer CaN-vermittelten NF-κB Aktivierung bislang nicht bekannt, woraus sich folgende Fragestellungen ergaben:

1. Welche molekularen Prozesse der TZR-vermittelten NF-κB Aktivierung sind durch die Inhibierung von CaN beeinträchtigt?
2. Kommt es zu einer Interaktion zwischen CaN und NF-κB-Signalproteinen?
3. Welches Signalprotein der NF-κB-Kaskade wird durch CaN dephosphoryliert?

3 Materialien und Methoden

3.1 Materialien

3.1.1 Antikörper/Sekundärantikörper

Antikörper für den NF-κB Signalweg

Tab. 3.1 Verwendete Antikörper zur Untersuchung des NF-κB Signalwegs in humanen Zellen

Antikörper	Hersteller	MW/ kDa	Verdünnung WB	Verdünnung Zytometrie	Verdünnung IP
PKC θ	Epitomics	85	1:500	nd	nd
p-PKC θ (	BD	79	1:5000		
pTAK1 Thr184/187	Cell Signalling	82	1:1000		
CARMA	ZYTOMED	125	1:1000		
MALT	Epitomics	92	1:2000		1:50
Bcl10 (331.3)	Santa Cruz	33	1:200 -1:400		1-2 µg/1 ml Lysat
Bcl10 (H-197)	Santa Cruz	33	1:200 - 1:1000		1-2 µg/1 ml Lysat
Bcl10	Millipore	32	1:10000		
Bcl10	Cell Signalling	30	1:1000		1:100
Bcl-10 PE	BD	30		1:10	
p Bcl10 (Ser 138) (6D3)	Santa Cruz	33	1:100-1:1000		
pBcl-10 (Ser 138)	US BIO	32	1:200		
IKKβ	Cell Signalling	87	1:1000		
pIKKα/pIKKβ Ser176/Ser177	Cell Signalling	85 (Ikkα)/ 87 (Ikkβ)	1:1000		
IκBα	Cell Signalling	39	1:1000		1:100
IKKγ	Santa Cruz	48	1:1000- 1:2000		1-2 µg/1 ml Lysat
NF-κB p65	Cell Signalling	75	1:1000		1:50
NF-κB p65	BD	65	1:250-1:500		

Materialien

NF-κB p65	Epitomics	65	1:50000-1:100000	1:100	1:200
NF-κB p105/50	Epitomics	105/50	1:5000	1:30	
NF-κB p65 (pSer 276)	Cell Signalling	80	1:1000		
p-NF-κB p65 (Ser 536)	Cell Signalling	75	1:1000		
p-NF-κB p65 Alexa 647	Cell Signalling	65	nd	1:10	
p-NF-κB p65 Alexa 488 (Ser 529)	BD	65	nd	1:10	
p-NF-κB p65 PE (Ser 529)	BD	65	nd	1:10	
p-NF-κB p65 Alexa 647 (Ser 529)	BD	65	nd	1:10	

Antikörper für den AP-1 Signalweg

Tab. 3.2 Verwendete Antikörper zur Untersuchung des AP-1 Signalwegs in humanen Zellen

Antikörper AP-1 Weg	Hersteller	MW/ kDa	Verdünnung WB	Verdünnung Zytometrie	Verdünnung IP
p-ERK1/2 Alexa 647 pThr202/pTyr204	BD	44/42	1:200	1:10	nd
p-ERK1/2 Alexa 647 pThr202/pTyr204	BD	44/42	1:200	1:10	nd
p-p38 Alexa 488 pThr180/pTyr182	BD	38	1:200	1:10	nd
p-p38 Alexa 647 pThr180/pTyr182	BD	38	1:200	1:10	nd

Antikörper für den NFAT Signalweg

Tab. 3.3 Verwendete Antikörper zur Untersuchung des NFAT Signalwegs in humanen Zellen

Antikörper NFAT Weg	Hersteller	MW/ kDa	Verdünnung WB	Verdünnung FC	Verdünnung IP
Calcineurin	BD	61	1:500	nd	1:100

NFAT1 (NFAT c2)	Immuno Globe	100-120	1:2000	nd	1:100
NFAT1 (NFAT c2)	Eigenproduktion	100-120	1:100	nd	nd

Antikörper für Ladungskontrollen und sonstige Antikörper

Tab. 3.4 Verwendete Antikörper für Ladungskontrollen und sonstige Antikörper

Antigen	Hersteller	MW/ kDa	Verdünnung WB	Verdünnung EMSA
humanes β-Actin	Santa Cruz	42	1:10000	
humans Lamin B	Santa Cruz	67	1:1000	
murines IL-4 (11b11)	Santa Cruz			1:200

Sekundärantikörper

Tab. 3.5 Verwendete Sekundärantikörper

Sekundärantikörper	Hersteller
IRDye 680LT Goat anti Mouse IgG	LI-COR Biosciences
IRDye 680LT Goat anti Rabbit IgG	LI-COR Biosciences
IRDye 800 CW Goat anti Mouse IgG	LI-COR Biosciences
IRDye 800CW Goat anti Rabbit IgG	LI-COR Biosciences

3.1.2 Chemikalien

Tab. 3.6 Verwendete Chemikalien

Chemikalien	Hersteller
Ammoniumpersulfat (APS)	Carl Roth, Karlsruhe
Beriglobin	ZLB Behring, Marburg
Brefeldin A	Sigma, Taufkirchen
Bromphenolblau	Merck, Darmstadt
BSA	Sigma, Taufkirchen
Calcineurin (Rinderhin)	Sigma, Taufkirchen
Calmodulin	Sigma, Taufkirchen
Complete ProteaseInhibitor (EDTA-free)	Roche, Mannheim
Dimethylsulfoxid (DMSO)	Sigma, Taufkirchen
DTT	Sigma, Taufkirchen
DYNAL® Magnetic Beads	Invitrogen, Karlsruhe

Materialien

Formaldehyd (37 %)	Merck, Darmstadt
Gycerolphosphat	Sigma, Taufkirchen
Human CD4 Micro beads	Miltenyi Biotech, Bergisch Gladbach
Ionomycin	Sigma, Taufkirchen
Isopropanol	Carl Roth, Karlsruhe
Lymphocyte Separation Medium LSM 1077	PAA Laboratories GmbH, Cölbe
Methanol	Carl Roth, Karlsruhe
Natriumpyrophosphat	Sigma, Taufkirchen
New Blot Nitro Stripping Buffer	LI-COR, Bad Homburg
NP-40	Merck, Darmstadt
Odyssey Blocking Buffer	LI-COR, Bad Homburg
Odyssey Protein Molecular Weight Marker	LI-COR, Bad Homburg
Pacific Blue	Invitrogen; Karlsruhe
Pacific Orange	MoBiTec GmbH, Göttingen
Phorbol 12-Myristat 13-Acetat (PMA)	Sigma, Taufkirchen
poly(dI)-poly(dC)	Sigma, Taufkirchen
Protein A or G MicroBeads µMACS™	Miltenyi Biotech, Bergisch Gladbach
Rotiphorese Gel 30 (Acrylamid/Bisacrylamid)	Carl Roth, Karlsruhe
RPMI 1640 Medium	Invitrogen, Karlsruhe
See Blue Plus2 Proteinmarker	Invitrogen; Karlsruhe
Sodiumdodecylsulfat (SDS)	Serva Electrophoresis, Heidelberg
Temed	Carl Roth, Karlsruhe
TRIS	Carl Roth, Karlsruhe
Triton X-100	Merck, Darmstadt
Tween 20	Sigma, Taufkirchen
Vanadat	Sigma, Taufkirchen

3.1.3 Enzyme

Tab. 3.7 Verwendete Enzyme

Enzyme	Hersteller
λ-Phosphatase	NEB
CaN	SIGMA

3.1.4 Inhibitoren

Tab. 3.8 Verwendete Inhibitoren

Inhibitor	Hersteller
Cyclosporin A (CsA)	AWD, Dresden
AM404	Sigma, Taufkirchen
NCI3	Eigensynthese
INCA6	Tocris Bioscience, Eching
BTP1	Eigensynthese

3.1.5 Oligonucleotide/Plasmide

Tab. 3.9 Verwendete Oligonukloetide für EMSA und Plasmide

Oligos Plasmide	Sequenz	Hersteller
NF-κB for	5´Cy5.5 AgT TgA ggg gaC TTT CCC Agg C 3´	TIB MOLBIOL GmbH, Berlin
NF-κB rev	5´Cy5.5 gCC Tgg gAA AgT CCC CTC AAC T 3´	TIB MOLBIOL GmbH, Berlin
Bcl-10 YFP	Full ORF Expression Clone. IOH29004-pdEYFP-C1amp	Imagenes, Berlin

3.1.6 Puffer/Medien

Tab. 3.10 Verwendete Puffer und Medien

Puffer/Medien	Zusammensetzung
Puffer SDS PAGE und Western Blot	
Blotpuffer (10x)	160 mM Tris 1,2 M Glycin
Blotpuffer (1x)	10 % 10x Blotpuffer 20 % MetOH
Laemmli Puffer (6x)	300 mM Tris 600 mM DTT 12 % SDS 60 % Glycerin 0,3 % Trypan Blau
Laufpuffer (pH 8,3; 10x)	3,03 % Tris 14,4 % Glycin 1 % SDS

Materialien

Sammelgelpuffer (pH6,8)	0,5 M Tris-HCl
Trenngelpuffer (pH 8,8)	1,5 M Tris-HCl
Blot-Waschpuffer	PBS 0,1 % Tween 20
EMSA	
Bindungspuffer	50 mM Tris-HCl 250 mM NaCl 5 mM $MgCl_2$ 2.5 mM EDTA 2.5 mM DTT 20 % Glycerol 0.5 % Tween
Immunopräzipitation	
Lysepuffer (IP)	150 mM NaCl 200 mM Tris-Hcl 1 % NP-40 1 % Triton X-100 0.1 % SDS 2.5 mM Natriumpyrophosphat 1 mM Glycerolphosphat 1 mM Na-ortho-Vanadat Proteaseinhibitoren
Niedrigsalz- Waschpuffer (pH 7.5)	20 mM Tris HCl
***In vitro* Phosphatase Assay**	
Lysepuffer (in vitro Phosphatase assay)	PBS 0,1 % Nonidet P-40 Proteaseinhibitoren
Dephosphorylierungspuffer	40 mM TrisCl pH 7,5 100 mM NaCl 6 mM $MgCl_2$ 0.5 mM DTT 1 mM $CaCl_2$ 0.1 ng/ml BSA 15 µg/ml Calmodulin
sonstige Puffer	
PBS (pH 7,4)	137 mM NaCl 2,7 mM KCl 1,4 mM KH_2PO_4

	4,3 mM $Na_2HPO_4 \cdot H_2O$
PBS/BSA (pH 7,4)	PBS 0,5 % BSA (w/v)
PBS/BSA/20 mM EDTA (pH 7,4)	PBS/BSA 20 mM EDTA
PBS/BSA/EDTA (pH 7,4)	PBS/BSA 2 mM EDTA
Medien	
Zellkulturmedium	RPMI 1640 10 % Fötales Kälberserum 10 mM L-Glutamat 10 µg/ml 2-Mercaptoethanol 100 U/ml Penicillin 100 ml Streptomycin
LB-Medium	1 % Trypton (w/v) 0,5 % Hefeextrakt 0,5 % NaCl (w/v)

Materialien

3.1.7 Reaktionskits

Tab. 3.11 Verwendete Reaktionskits

Reaktionskit	Hersteller
Nuclear Extract Kit	Active Motif, Carlsbad, USA
BCA-Protein Assay	Thermo Fischer Scientific, Bonn
NucleoBond Xtra Midi	Macherey-Nagel, Düren
Amaxa Cell line Nucleofector Kit V	Lonza, Cologne, Germany

3.1.8 Software

Tab. 3.12 Verwendete Analysesoftware

Software	Hersteller
FlowJo-FACS-Analysesoftware	Tree Star, Inc., Ashland (USA)
Odyssey Application Software (2.1)	LI-COR Biosciences, Bad Homburg

3.1.9 Geräte

Tab. 3.13 Verwendete Geräte

Geräte	Hersteller
Amaxa Nukleofektor II	Lonza, Köln
BD LSRFortessa	BD, Heidelberg
Blotapparatur	Bio-Rad, München
CASY Zellzählgerät	Schärfe System, Reutlingen
FACS Canto	BD, Heidelberg
FACS LSRII	BD, Heidelberg
FACSCalibur	BD, Heidelberg
Fluoreszenzmikroskop	Leica, Mannheim
Gelapparatur	Biometra, Göttingen
Heizblock Thermomixer Kompakt	Eppendorf, Hamburg
Heraeus BIOFUGE fresco	Thermo, Waltham (USA)
Lichtmikroskop Axiovert 25	Carl Zeiss, Jena
Megafuge 1.0 R	Thermo, Waltham (USA)
Multi MACS Separator	Miltenyi Biotec, Bergisch Gladbach
Multifuge 3 S-R	Thermo, Waltham (USA)
MultiMACS M96 Separator	Miltenyi Biotech, Bergisch Gladbach
Nanodrop	Thermo Fischer Scientific, Bonn

Materialien

Neubauer Zählkammer	Paul Marienfeld GmbH &Ko. KG, Lauda Königshofen
Spannungsquelle Power Pac HC	Bio-Rad, München

3.2 Methoden

3.2.1 Zellbiologische Methoden

3.2.1.1 Isolation humaner peripherer mononukleärer Zellen (PBMC) aus Blut

Blut von gesunden Spendern (Blutspendedienst Ost GmbH Wannsee) wurde zunächst mit PBS/BSA verdünnt und anschließend auf 12 ml Lymphozytenseparationsmedium ($\rho=1,077$ g/ml) vorsichtig aufgeschichtet. Mittels Dichtegradientenzentrifugation (20 min, RT, 800 xg ohne Bremse) wurden intakte PBMC (Lymphozyten, Monozyten, Granulozyten) von toten Zellen und Erythrozyten getrennt. Die Interphase zwischen Plasma und Erythrozyten (buffy coat), welche die PBMCs enthielt, wurde vorsichtig abgenommen, in ein neues Falcon-Röhrchen überführt, mit 50 ml kaltem PBS/BSA gewaschen und zentrifugiert (4°C, 311 xg, 10 min). Durch diesen Schritt konnten die Thrombozyten abgetrennt werden. Der Überstand wurde abgesaugt und das Pellet erneut mit 50 ml PBS/BSA gewaschen. Es folgte anschließend 15 min Zenrifugation bei 138 xg und 4°C,, um Plättchenzellen (Platelets) abzutrennen. Schließlich wurde das Pellet in 800 µl PBS/BSA aufgenommen und die Zellen auf Eis gelagert.

3.2.1.2 Isolation von CD4$^+$ Th-Zellen mittels magnetischer Zellsortierung

Magnetische Zellsortierung (MACS) beruht auf der Isolierung von Zellen aus einem Zellgemisch mittels Antikörpern, die an paramagnetische Metallkügelchen (Micro beads) gekoppelt sind. Diese Antikörper sind gegen bestimmte Oberflächenproteine der Zelle, z.B. CD4, gerichtet. Dabei wird das Zell-Micro-bead-Gemisch über eine Säule gegeben,, die in einen Dauermagneten eingespannt ist. In der Säule verbleiben nur die Zellen,, an die der entsprechende Antikörper gebunden hat. Nach Entfernen der Säule aus dem Magnetfeld können die Zellen leicht von der Säule gewaschen werden.

Methoden

Zu 800 µl PBMCs wurden zunächst 20 µl Beriglobin gegeben. Dieses Immunglobulin sättigt Fc-γ-Rezeptoren ab, wodurch unspezifische Bindungen der CD4-Antkörper verhindert werden. Nach 3 min Inkubationszeit wurden 180 µl human CD4 Micro beads hinzugegeben und das Gemisch auf Eis für 20 min inkubiert. Anschließend sind die Zellen mit 50 ml PBS/BSA gewaschen und zentrifugiert (4°C, 311 xg, 10 min) worden. In der Zwischenzeit wurde die Säule in den Dauermagneten eingespannt und mit 2 ml PBS/BSA/EDTA äquilibriert. Nach der Zentrifugation ist das Zellpellet in 5 ml PBS/BSA/EDTA gelöst und die Suspension auf eine LS^+ MACS-Säule (Säulenkapazität 1×10^8 positive Zellen aus 2×10^9 Gesamtzellzahl) gegeben worden. Es folgten zwei Waschschritte mit je 5 ml PBS/BSA/EDTA. Danach wurde die Säule aus dem Magneten entnommen und die Zellen mit 3 ml PBS/BSA eluiert. Nach erneuter Zentrifugation sind die Zellen in 10 ml RPMI-Zellkulturmedium aufgenommen und bei 4°C über Nacht gelagert worden. Generell wurden primäre humane Th-Zellen jedoch nicht länger als 48h gelagert.

3.2.1.3 Bestimmung der Zellzahl und Viabilität

Zur Bestimmung der Zellzahl wurde zum einen die Neubauer-Zählkammer und zum anderen das automatische CASY DT System benutzt.

Zellzahlbestimmung mittels Neubauer-Zählkammer

Für die Zählung in der Neubauer-Zählkammer wurden 10 µl der Zellsuspension mit 10 µl Trypanblaulösung versetzt. Dieser Farbstoff kann nur die Membran toter Zellen passieren. Dadurch lassen sich tote Zellen anhand ihrer blauen Färbung unter dem Mikroskop sehr gut von lebenden unterscheiden. Nach Auszählung der 4 Großquadrate im Mikroskop (Axiovert Carl Zeiss, Deutschland) wurde die Zellzahl wie folgt berechnet:

Zellzahl/ml = Mittelwert aus 4 Großquadraten x 10^4 (Kammerfaktor) x Verdünnungsfaktor x Gesamtvolumen der Zellsuspension

Methoden

Automatische Zellzahlbestimmung mittels CASY

Die Technik der automatischen Zellzählung im CASY beruht auf der Isolatoreigenschaft von Zellmembranen (Electrical Current Exclusion). Die Zellen passieren einzeln eine Messkanüle und bekommen dabei einen schwachen Stromimpuls. Intakte Zellmembranen lebender Zellen wirken wie Isolatoren und leiten keinen Strom, während durch die löchrige Membran toter Zellen Strom fließen kann. Größe der Zelle und ihr Widerstand gegenüber dem Stromimpuls sind proportional. Je größer die Zelle, umso größer ist ihr Widerstand gegenüber dem Stromimpuls. Anzahl der Zellen einer Größe (counts) und Zellgröße (µM) können graphisch dargestellt werden.

Der Messbereich für sortierte humane $CD4^+$-Zellen wurde auf 5-10 µM eingeengt. Da Jurkat- und RLM-Zellen ein größeres Zellvolumen haben, wurde ein größerer Messbereich (7,5-12 µM) eingestellt. Vor der Dreifachmessung im CASY sind die Zellen 1:1000 in PBS verdünnt worden.

3.2.1.4 Kultivierung von primären humanen $CD4^+$-Th-Zellen

Die mittels MACS isolierten Zellen wurden mit RPMI zu einer Konzentration von $1-4x10^6$/ml verdünnt und davon 1 ml pro Ansatz in 12-bzw. 24-Well-Platten ausgesät. Die Platten sind dann vor der Stimulation 1-2 h im Inkubator (37°C, 5 % CO_2) adaptiert worden, um Stimulationseffekte, ausgelöst durch Temperaturstress, auszuschließen.

3.2.1.5 Kultivierung von RLM-11-1-Zellen

RLM-11-1-Zellen sind eine murine $CD4^+$ $CD8^-$ T-Zelllinie, welche sich durch eine hohe Expression von CD3 und des TZR auszeichnen [93]. Die Aktivierung von NF-κB in RLM-11-1 Zellen ist vergleichbar mit der in humanen T-Zellen. Die Zellen wurden in 75 cm^2-Flaschen in RPMI 1640 im Inkubator kultiviert und alle zwei bis drei Tage 1:15 bis 1:20 mit frischem Medium passagiert. Die Zellzahl sollte dabei $0,5\times10^6$-$1,5\times10^6$ Zellen/ml nicht überschreiten.

3.2.1.6 Inkubation der Zellen mit Inhibitoren

Vor jeder Stimulation wurden die Zellen mit dem jeweiligen Inhibitor für 20-30 min inkubiert, um zu gewährleisten, dass der Inhibitor zum Zeitpunkt der Stimulation vollständig in die Zelle diffundiert ist und so seinen Wirkungsort bzw. seine maximale Wirksamkeit erreicht hat. Alle Inhibitoren waren in DMSO gelöst. Daher wurde zu allen Proben, die nicht mit Inhibitoren behandelt wurden, zur Kontrolle das entsprechende Volumen des Lösungsmittels DMSO zugegeben. Mögliche Nebeneffekte von DMSO auf die Zellaktivierung [94] sollten dadurch ausgeschlossen werden.

3.2.1.7 Zellstimulation

Stimulation mit PMA/Iono

Für die in der Arbeit angegebenen Zeiträume erfolgte die Zellstimulation mit 10ng/ml PMA (Phorbol-12-Myristat-13-Acetat) und 1µg/ml Iono (Ionomycin).

Stimulation mit anti CD3/CD28-Antikörpern

Für eine physiologische Stimulation des TZR und Auslösung des kostimulatorischen Signals über CD28 wurden die Zellen mit Antikörpern gegen CD3 und CD28 stimuliert. Dazu sind zwei unterschiedliche Verfahren angewandt worden:

1. Kopplung der Antikörper an die Oberfläche von FACS-Röhrchen
2. Inkubation der Zellen mit anti-CD3/CD28-Antikörpern, gekoppelt an magnetische Beads (DYNAL® Magnetic Beads)

Zu 1.: Es wurde eine Antikörperlösung aus 0,5 µg/ml anti-CD3 und 2,0 µg/ml anti-CD28 in PBS hergestellt. Davon ist je 1 ml in ein FACS-Röhrchen gegeben und diese über Nacht bei 4°C inkubiert worden. Am nächsten Tag wurden die Röhrchen einmal mit PBS gewaschen und anschließend die Zellen dazugegeben.

Methoden

Zu 2.: Das Volumen der einzusetzenden beads richtete sich nach der Menge zu stimulierender Zellen und war dementsprechend vom Hersteller vorempfohlen. Für 1×10^6 Zellen wurden 50 µl Dynabeads eingesetzt.

3.2.1.8 Durchflusszytometrie

Bei der Durchflusszytometrie wird das Streulicht einer Zelle gemessen. Nachdem die Zellen durch Pufferzufluss hydrodynamisch vereinzelt und durch eine Messkanüle geleitet wurden, kreuzen sie einen Laserstrahl, der im Winkel von 3-10° auftrifft. Die dabei erzeugte Brechung des Lasers an der Zelloberfläche wird von einem Detektor als Vorwärtsstreulicht (Forward Scatter, FSC) gemessen, welches proportional zur Zellgröße ist. Trifft der Laserstrahl z.B. auf Lysosomen in der Zelle (Granula), so wird sein Strahl auch seitwärts abgelenkt. Dieses Seitwärtsstreulicht (Side Scatter, SSC) wird von mehreren Detektoren gemessen. Über beide Streulichtkomponenten lassen sich Informationen über die Größe und Granularität von Zellen ableiten. Zum Beispiel verursachen Th- Zellen oder Monozyten nur geringes Seitwärtsstreulicht, während Granulozyten ein hohes Seitwärtsstreulicht verursachen.

Für die Analyse z.B. von Oberflächenproteinen, Phosphoproteinen oder Zytokinen können außerdem fluoreszenzmarkierte Antikörper definierter Absorptions- und Emissionswellenlänge eingesetzt werden. Passiert eine antikörpermarkierte Zelle einen Laser entsprechender Wellenlänge, wird der Fluorophor angeregt und emittiert Licht. Über Prismen und farbselektive Filter geleitet, kann dieses Licht von Detektoren aufgenommen und in elektrische Signale umgesetzt werden. Zur Auswertung der Streulicht-Messung und Fluoreszenzmessung steht eine spezielle Software zur Verfügung. Dazu werden die Zellen einer bestimmten Population selektiert (gating), um sie später genauer untersuchen zu können.

Für die Analyse der p65-, p38- und ERK1/2- Phosphorylierungen wurde ein BD FACSCalibur™, BD FACSCanto™, und BD LSRFortessa™ verwendet. Die Zellen wurden zunächst in einem FSC-SSC-Diagramm dargestellt und die Lymphozytenpopulationen anhand ihrer Größe mit einem Gate umgeben. Alle Zellen in diesem Gate wurden später hinsichtlich der Phosphorylierungen untersucht. Um Phosphorylierungszustände mehrerer Ansätze direkt vergleichen zu können, sind die Fluoreszenzintensitäten in eindimensionalen Überlagerungshistogrammen dargestellt worden.

3.2.1.9 Vorbereitung der Zellen für die durchflusszytometrische Analyse

Fixierung

Nach der Stimulation in den Zellkulturplatten wurden die Zellen abgenommen, in Reaktionsgefäße überführt und zentrifugiert (8 min, 400 xg, 4°C). Das Pellet ist in 1 ml kaltem PBS gewaschen und resuspendiert worden. Nach erneuter Zentrifugation und Abnahme des Überstandes wurde das Pellet durch leichtes Schnipsen gelöst und unter Zugabe von 800µl 2 % Paraformaldehyd vollständig resuspendiert. Die Fixierung erfolgte 20 min bei RT. Danach wurden die Zellen zentrifugiert, der Überstand verworfen und das Pellet in 1 ml PBS resuspendiert.

Permeabilisierung

Für die Messung von Proteinphosphorylierungen im Zellkern erfolgte die Permeabilisierung der Zellen mit 90 % Methanol. Dazu wurden die in PBS resuspendierten, fixierten Zellen zentrifugiert (8 min, 400 xg, 4°C) und der Überstand abgesaugt. Zu dem Pellet wurden unter langsamem Vortexen vorsichtig 1 ml 90 %-iges Methanol getropft. Die permeabilisierten Zellen sind entweder auf Eis 30 min inkubiert bzw. zur längeren Aufbewahrung (max. 2 Wochen) bei -20°C gelagert worden.

Antikörperfärbung

Die Inkubation der Zellen erfolgte pro Reaktionsansatz in 100 µl Färbelösung. Die Antikörper gegen phospho-p65 (Ser536, Ser529), phospho-p38 (pThr180/pTyr182) und phospho-ERK1/2 (pThr202/pTyr204) wurden 1:10 in PBS/1 % BSA verdünnt. Stets ist eine ungefärbte Kontrollprobe mitgeführt worden, anhand derer später die Intensität der Laser ausgerichtet wurde. Die Färbung erfolgte 45 min bei RT und wurde durch Zugabe von 1 ml PBS/1 %BSA gestoppt. Nach Zentrifugation (8 min, 400 xg, 4°C) wurden das Pellet in 300 µl PBS/1 %BSA resuspendiert und im Durchflusszytometer gemessen.

3.2.1.10 Fluorescent Cell Barcoding

Die Methode des „Fluorescent Cell Barcoding" ist eine spezielle Form der Durchflusszytometrie und beruht auf einer Antikörper-unabhängigen Markierung von Oberflächenproteinen mit einem fluoreszierenden „Barcoding"-Farbstoff. Jeder Probe wird dabei eine definierte Menge dieses Farbstoffes zugegeben, welcher mit den Aminogruppen der Oberflächenproteine eine kovalente Amid-Bindung eingeht. Nach der Inkubation mit dem „Barcoding"-Farbstoff werden alle Proben vereinigt und mit den Antikörpern gegen die zu untersuchenden Proteine inkubiert. Dadurch lässt sich die Antikörpermenge entscheidend reduzieren, und es können bei entsprechender Etablierung bis zu 96 Proben gleichzeitig gemessen werden. [95].

Die unterschiedlichen Konzentrationen der „Barcoding"-Farbstoffe wurden in 90 %igem Methanol hergestellt. Sollten mehr als fünf Proben gleichzeitig analysiert werden, kam eine Kombination aus zwei „Barcoding"-Farbstoffen zum Einsatz. Formaldehyd-fixierte Zellen wurden mit je 1 ml der entsprechenden „Barcoding"-Konzentration(en) für 20 min auf Eis inkubiert. Die Zellen wurden anschließend zentrifugiert (8 min, 400 xg, 4°C) und zweimal mit 1 ml PBS/1 %BSA gewaschen bevor sie mit den entsprechenden Antikörpern inkubiert worden sind (siehe Absatz 3.2.1.9).

Methoden

Für die Analysen zu dieser Arbeit sind zwei „Barcoding"-Farbstoffe unterschiedlicher Emissionswellenlänge eingesetzt worden: Pacific Blue 450 nm; Pacific Orange 550 nm. Beide Farbstoffe wurden mit einem 405 nm Diodenlaser im FACS-Canto (BD-Biosciences) angeregt und konnten aufgrund ihrer verschiedenen Emissionsmaxima in unterschiedlichen Kanälen detektiert werden (Abb. 3.2 A,B).

A

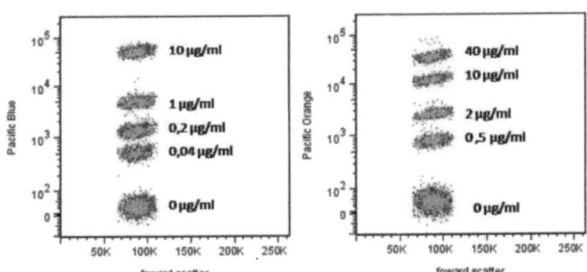

B

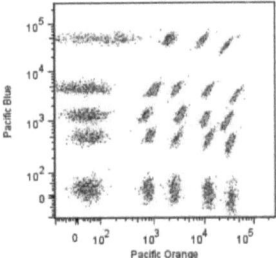

Abb. 3.2 „Fluorescent Cell Barcoding" mit Pacific Blue und Pacific Orange. Fixierte primäre humane Th-Zellen wurden mit steigenden Konzentrationen von Pacific Blue (links) und Pacific Orange (rechts) **(A)** oder mit entsprechenden Mischungen aus beiden Farbstoffen inkubiert. Dargestellt sind Dot Plots mit Signalen aus Vorwärtsstreulicht (x-Achse) und Fluoreszenz-Seitwärtsstreulicht (y-Achse) **(A)** bzw. eine Gegenüberstellung des Fluoreszenz-Seitwärtsstreulichts von Pacific Orange-(x-Achse) gefärbten und Pacific Blue-(y-Achse) gefärbten Zellen **(B)**.

Methoden

Zur besseren Übersicht bei der Auswahl einzusetzender Barcoding-Farbstoffkonzentrationen für die Untersuchung von Phosphorylierungszuständen unter Einfluss der CaN/NFAT-Inhibitoren (siehe Absatz 4.2) wurde ein Barcoding-Schlüssel angefertigt (Tab. 3.14).

Tab. 3.14 Eingesetzte „Barcoding"-Farbstoffkonzentrationen („Barcoding"-Schlüssel) zu den Inhibitorversuchen

Probe	Pacific Blue (µg/ml)	Pacific Orange (µg/ml)
unstim	0	0
stim	0,04	0
CsA 2 nM	0,2	0
CsA 5 nM	1	0
CsA 10 nM	10	0
CsA 50 nM	0	0,5
CsA 100 nM	0	2
unstim	0	0
stim	0,04	0
AM404 5µM	1	0
AM404 10µM	10	0
AM404 15µM	0	0,5
AM404 20µM	0	2
AM404 25µM	0	10
AM404 30µM	0,2	2
AM404 40µM	10	10
unstim	0	0
stim	0,04	0
BTP1 5 nM	1	0

BTP1 10 nM	10	0
BTP1 50 nM	0	0,5
BTP1 100 nM	0	2
BTP1 200 nM	0	10
BTP 500 nM	0,04	0,5
BTP1 1 µM	0,2	2
unstim	0	0
stim	0,04	0
NCI3 1µM	1	0
NCI3 2µM	10	0
NCI3 5µM	0	0,5
NCI3 10µM	0	2
NCI3 15µM	0	10
NCI3 20µM	0,2	2
unstim	0	0
stim	0,04	0
INCA6 1µM	1	0
INCA6 2µM	10	0
INCA6 5µM	0	0,5
INCA6 8µM	0	2

3.2.2 Proteinbiochemische Methoden

3.2.2.1 Diskontinuierliche SDS-Polyacrylamid-Gelelektrophorese

Nach der Stimulation sind die Zellen zunächst in kaltem PBS gewaschen, dann zentrifugiert (8 min, 400 xg, 4°C) und das Pellet in 3x Laemmli-Probenpuffer aufgenommen (10 µl Laemmlipuffer/1×10^6 Zellen) worden. Die Proben wurden anschließend sonifiziert und bei 95°C 5 min erhitzt. Pro Spur wurden 1×10^6

Zellen aufgetragen. Für die Analyse der NFATc2-Dephosphorylierung wurde ein 7,5 %iges Gel benutzt, - für die Analyse aller anderen beschriebenen Proteine sind 10 %ige Gele verwendet worden. Um eine hohe Bandenschärfe zu erreichen, wurden ausschließlich diskontinuierliche Tris/Glycin-Polyacrylamidgele benutzt. Die Auftrennung der Proteine erfolgte bei 120 V. Als Größenstandart wurden der SeeBlue® Plus 2-Proteinmarker der Odyssey Protein Molecular Weight Marker verwendet.

3.2.2.2 Western Blot

Im Anschluss an die Elektrophorese wurden die Proteine mittels Tank Blot (Bio-Rad) vom SDS-Gel auf eine Nitrozellulosemembran übertragen. Der Transfer erfolgte bei 350 mA über einen Zeitraum von 45 min. Im Anschluss wurde die Membran in Odyssey Blocking Buffer blockiert (30 min, bei Raumtemperatur) und mit primären Antikörpern über Nacht bei 4°C bzw. 2 h bei RT inkubiert. Nach dem Waschen der Membran (4x5 min mit PBS-0,1 %-Tween) folgte die Inkubation mit sekundären Antikörpern, an welche Infrarotfarbsoffe (IRDye680 bzw. IRDye800) gekoppelt waren (45 min RT). Alle Antikörper wurden in 50 % Blocking Buffer/ PBS-Tween angesetzt. Nach erneutem Waschen (4x5 min) wurde die Membran im Odyssey Infared Scanner gemessen, die Signale mit der Odyssey Application software (Version 2.1) analysiert und quantifiziert.

Für die erneute Inkubation der Western Blot Membran mit anderen primären und sekundären Antikörpern sind diese durch „Strippen" entfernt worden. Dazu wurde die Membran über einen Zeitraum von 10 min in 1x Odyssey Stripping Buffer geschüttelt. Der Puffer wurde durch anschließendes dreimaliges Waschen mit H$_2$O dest. entfernt und die Membran in PBS gelagert.

3.2.2.3 In vitro Dephosphorylierung

RLM-Zellen wurden mittels Elektroporation (Lonza) mit einem Plasmid transfiziert, das humanes Bcl-10, gekoppelt an YFP (Yellow Fluorescent Protein), exprimiert. Nach 24 h Inkubation wurden die Zellen mit Lysepuffer lysiert. Isoliertes Calcineurin (CaN) aus Rinderhirn wurde in Dephosphorylierungspuffer bei 30 °C über einen Zeitraum von 20 min vorinkubiert. Anschließend wurden 20 µl Lysat zugegeben und weitere 30 min bei 30 °C inkubiert. Abgestoppt wurde die Reaktion durch Zugabe von Laemmli-Probenpuffer und Erhitzen auf 95 °C. Für die Kontrollreaktionen ist das Lysat mit hitzeinaktiviertem CaN (30 min, 65°C) bzw. hundert units Lambda Phosphatase inkubiert worden. Die Phosphorylierung/Dephosphorylierung von pBcl-10 Ser138 wurde im Western Blot mit einem Antikörper gegen phospho-Bcl-10 Ser138 analysiert.

3.2.2.4 Präparation von zytosolischen Extrakten und Kernextrakten

Primäre humane Th-Zellen (8×10^6-1×10^7) wurden nach Vorbehandlung (Inkubation mit Inhibitoren, Stimulation) in Reaktionsgefäße überführt, zentrifugiert (8 min, 400 xg, 4°C) und 1x mit PBS gewaschen. Die Präparation der zytosolischen Fraktion bzw. der Kernfraktion erfolgte mit dem Nuclear Extract Kit nach dem vom Hersteller vorgeschlagenen Protokoll. Für die effektive Lyse des Kernpellets im Lysepuffer wurden kleine Rührstäbchen in die Reaktionsgefäße gegeben und die Reaktionsgefäße auf einem Magnetrührer plaziert.

Bestimmung der Proteinkonzentration

Zur Messung der Proteinkonzentration in den Extrakten wurde der BCA-Protein Assay (Pierce) verwendet. Die Lösungen wurden nach Herstellerprotokoll angesetzt. Eine Standardreihe wurde mit dem jeweiligen Puffer (Lysepuffer, Kernextrakt-Puffer) vor der eigentlichen Konzentrationsmessung durchgemessen. Die Proteinkonzentration wurde mittels Nanodrop spektroskopisch gemessen (je 2 µl/Probe).

Methoden

3.2.2.5 EMSA

Der Electrophoretic Mobility Shift Assay (EMSA) wird benutzt, um die Bindung eines Transkriptionsfaktors an bestimmte Promotorsequenzen auf der DNA nachzuweisen. Die Untersuchung ermöglicht eine Beurteilung der Beteiligung eines Transkriptionsfaktors an der Genexpression. Für einen EMSA werden Kernextrakte aus Zellen isoliert und in einer Bindungsreaktion mit einem, in diesem Falle fluoreszenzmarkierten Oligonukleotid definierter Sequenz inkubiert. Der Reaktionsansatz wird unter nativen Bedingungen mittels Gelelektrophorese aufgetrennt. Erfolgt eine Bindung des Transkriptionsfaktors an das markierte Oligonukleotid, ist die Laufgeschwindigkeit des Oligo-Protein-Komplexes im Vergleich zum ungebundenen Oligo stark vermindert. Dieser Shift der eletrophoretischen Mobilität wird auf dem Gel deutlich sichtbar.

Für die Bindungsreaktion des NF-κB-EMSA wurden 7-15 µg Kernextrakt zusammen mit 100 ng poly(dI)-poly(dC) und 20 pmol doppelsträngigen, Cy5.5 markierten Oligonukleotiden der NF-κB Bindesequenz GGGGACTTTCCC [96] für 15-30 min bei RT in Bindungspuffer inkubiert. Die Kompetierung des Signals erfolgte mit 2nmol eines unmarkierten Kompetitor-oligos der gleichen Sequenz. Für den Supershift-EMSA wurden die Kernextrakte vor der Bindungsreaktion mit dem entsprechenden Antikörper für 30 min in Bindungspuffer vorinkubiert und der Ansatz anschließend mit dem markierten Oligonukleotid für weitere 30 min inkubiert.

Nachdem die Reaktionsansätze auf ein natives Polyacrylamidgel (4 %) geladen waren, folgte die elektrophoretische Auftrennung bei 100 V und Analyse der DNA-Protein-Komplexe im Odyssey Infared Scanner anhand des Fluoreszenzsignals von Cy5.5 .

3.2.2.6 Ko-Immunopräzipitation

Die Analyse von Protein-Protein-Interaktionen ist im Rahmen dieser Arbeit mittels Ko-Immunpräzipitation durchgeführt worden. Dazu wurden 7×10^6

primäre humane Th-Zellen in 200 µl Ko-Immunopräzipitationspuffer über einen Zeitraum von 30 min auf Eis lysiert, nachfolgend das Lysat 15 sec lang sonifiziert und 12 min, 17000 xg bei 4°C zentrifugiert. Zur Immunpräzipitation der Proteine ist der Überstand mit entsprechenden Antikörpern über Nacht bei 4°C inkubiert worden. Zum Fischen des Protein-Antikörper-Immunkomplexes wurden 80 µl MACS Protein A (für Kaninchenantikörper) bzw. Protein G (für Mausantikörper) Micro beads dem Reaktionsansatz zugegeben und 30 min auf Eis inkubiert. Das Gemisch aus Lysat, Antikörpern und Micro beads konnte auf eine µMACS-Säule aufgetragen werden, die zuvor mit 200 µl Lysepuffer äquilibriert worden war. Nach Durchlaufen des Reaktionsansatzes wurde die Säule 3-4-mal mit 200 µl Niedrigsalzpuffer gewaschen. Die Elution des Immunkomplexes erfolgte mit heißem Laemmli-Puffer (95°C). Das Eluat wurde mittels SDS-Gelelektrophorese aufgetrennt und mit Hilfe von Western Blot die präzipitierten bzw. ko-präzipitierten Proteine mit entsprechenden Antikörpern nachgewiesen.

3.2.3 Molekularbiologische Methoden

3.2.3.1 Ansetzen von Übernachtkulturen und Plasmidpräparation

Zur Vervielfältigung des Bcl-10- Expressionsplasmids (imaGenes, Berlin) sind positive Klone in 4 ml LB-Medium angeimpft und über Nacht bei 37 °C schüttelnd inkubiert worden. Die Präparation des Plasmids erfolgte mit dem NucleoBond Xtra Midi Plus-Kit (Macherey-Nagel, Düren) nach Herstelleranleitung. Die Plasmide wurden in Elutionspuffer eluiert. Die Konzentration und Reinheit der Plasmid-DNA war zuvor mittels Nanodrop (Thermo Fischer Scientific, Bonn) überprüft worden.

3.2.3.2 Transfektion von RLM-11-1 Zellen

RLM-11-1-Zellen wurden mit einem vollständigen Bcl-10-YFP-Konstrukt (imaGenes, Berlin) unter der Kontrolle eines CMV-Promotors transfiziert. Pro

Transfektionsansatz wurden 2×10^6 Zellen mit 8 µg Bcl-10-YFP bzw. 2 µg eines GFP-Kontrollplasmids transfiziert. Zum Einsatz kam das Amaxa Cell line Nucleofector Kit V. Die Transfektion erfolgte mit dem Amaxa Nukleofektor II (Programm X-005). Mehrere Transfektionen mit demselben Plasmid wurden vereinigt und die Zellen anschließend mit RPMI 1640 zu 1×10^6 Zellen/Ansatz verdünnt sowie 24 h im Inkubator inkubiert. Die Analyse der Transfektionseffizienz erfolgte im Fluoresenzmikroskop.

4 Ergebnisse

4.1 Evaluierung des inhibitorischen Einflusses von Cyclosporin A auf die Aktivität des Transkriptionsfaktors NF-κB

Eigene Voruntersuchungen und diverse Publikationen weisen darauf hin, dass die klinisch angewandte immunmodulatorische Substanz Cyclosporin A (CsA) nicht nur die Aktivierung des Transkriptionsfaktors NFAT, sondern auch die Aktivierung des Transkriptionsfaktors NF-κB beeinflusst [76, 91-92, 97]. Zu Beginn sollte die inhibitorische Wirkung von CsA auf den NF-κB Signalweg mit verschiedenen Analysemethoden (Western Blot und Durchflusszytometrie) validiert werden.

4.1.1 Cyclosporin A inhibiert die stimulationsabhängige Phosphorylierung von NF-κB p65

Mittels einer Titration wurde zunächst der inhibitorische Einfluss von CsA auf die NF-κB-Aktivierung mit der inhibitorischen Wirkung auf NFAT verglichen, um festzustellen, ob beide Transkriptionsfaktoren im gleichen CsA Konzentrationsbereich gehemmt werden. Die Konzentrationen des Inhibitors (2 nM-500 nM) wurden dafür so gewählt, dass sie den Bereich der für NFAT beschriebenen inhibitorischen Konzentrationen abdeckten (IC_{50} = 4 nM; IC_{100} = 20 nM [79, 98]. Primäre humane Th-Zellen wurden für 30 min mit steigenden CsA Konzentrationen vorinkubiert, anschließend für 15 min mit PMA/Iono stimuliert und die Zelllysate im Western Blot analysiert.

Die Aktivität von NF-κB wurde mit Hilfe eines phosphospezifischen Antikörpers gegen Phosphoserin 536 des NF-κB Proteins p65 gemessen (Abb. 4.1A). Mutationsexperimenten von Mattioli *et al.* zeigten, dass die Phosphorylierung von Ser536 essentiell für die vollständige Aktivierung von NF-κB ist [99].

Ergebnisse

Die Phosphorylierung von Ser536 nahm mit steigenden CsA Konzentrationen deutlich ab und war bereits bei 2 nM (also noch unterhalb der IC_{50} für NFAT) um 25 % geringer im Vergleich zur unbehandelten (nicht mit CsA inkubierten) stimulierten Probe (Abb. 4.1A; B). Die Zugabe von 10 nM des Inhibitors verursachte eine starke Reduzierung der Phosphorylierung (68 %) und führte bei 500 nM zu deren kompletten Inhibierung (100 %). Für CsA ergab sich ein IC_{50}-Wert von 7 nM, welcher jedoch spenderabhängig zwischen 6 und 7 nM variierte.

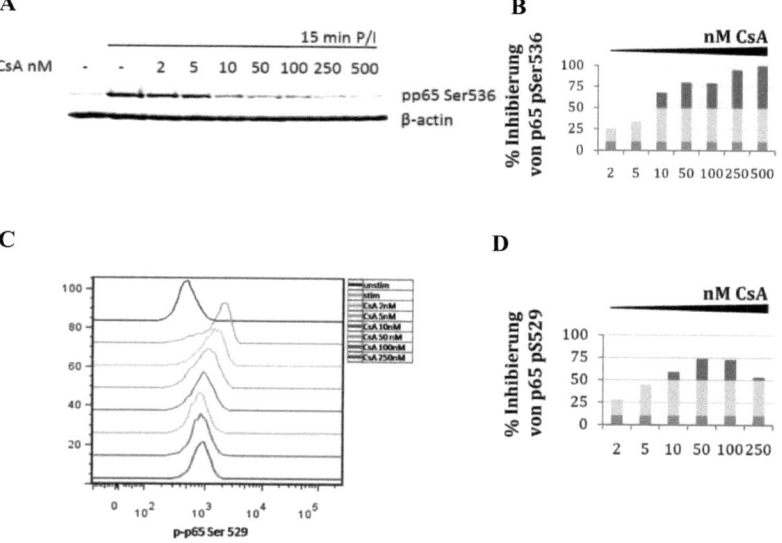

Abb. 4.1 CsA inhibiert konzentrationsabhängig die Phosphorylierung von NF-κB p65 Ser536 und Ser 529.
Primäre humane CD4⁺ Th-Zellen wurden für 30 min mit zunehmenden CsA Konzentrationen oder DMSO (Kontrolle) vorinkubiert und anschließend für 15 min mit PMA/Iono (P/I) stimuliert. (A) Western Blot-Analyse von p65 pSer536 und der Ladungskontrolle β-actin in Zellysaten. (B) Relative Inhibierung der p65 Ser536-Phosphorylierung bezogen auf die stimulierte Kontrolle nach Quantifizierung des Western Blots mit der Odyssey Application Software. Western Blots wurden mit dem Odyssey Infrared Imaging System analysiert. (C) Überlagerungshistogramm der durchflusszytometrischen Analyse von pSer 529 nach Färbung mit einem PE gekoppelten phosphospezifischen Antikörper. (D) Relative Inhibierung der p65 Ser529-Phosphorylierung bezogen auf die stimulierte Kontrolle nach Quantifizierung mittleren Fluoreszenzintensität (MFI) von pSer529PE. Grün: geringe Inhibierung (≤10 %), Gelb: mittlere Inhibierung (10-50 %), Rot: starke Inhibierung (≥ 50 %). Dargestellt sind repräsentative Ergebnisse eines Spenders (A n=2; C n=3).

Die vollständige transkriptionelle Aktivität von p65 wird allerdings erst nach Phosphorylierung von Ser529 erreicht [99]. Daher wurde zusätzlich der Einfluss von CsA auf diese Phosphorylierungsstelle untersucht. Die Messung von phospho-Ser529 erfolgte auf Einzelzellebene im Durchflusszytometer, um die Phosphorylierungssignale anschließend genauer quantifizieren zu können (Abb. 4.1C; D). Primäre humane Th-Zellen wurden mit steigenden CsA Konzentrationen (2 nM-250 nM) für 30 min vorinkubiert und anschließend mit PMA/Iono für 15 min stimuliert. Anschließend wurden die Zellen mit Formaldehyd fixiert und mit Methanol permeabilisiert, um ein Eindringen des phosphospezifischen Antikörpers in das Zytosol und den Zellkern zu ermöglichen.

Anhand der Amplitude der Überlagerungshistogramme von p65 pSer536 wurde bereits deutlich, dass CsA die Ser529 Phosphorylierung in ähnlichem Maße wie pSer536 inhibierte. Die Berechnung der prozentualen Inhibierung der Phosphorylierung aus den MFI-Werten ergab eine Hemmung von 28 % bei der geringsten CsA Konzentration von 2 nM CsA und eine maximale Hemmung von 74 % bei 50 nM CsA. Durch höhere Dosierung von CsA konnte jedoch bei keinem Spender (n=3) eine hundertprozentige Inhibierung erreicht werden (Abb. 4.1C; D). Die IC_{50} von CsA für p65 pSer529 betrug 7 nM.

Um eine starke Inhibierung von NF-κB zu erzielen, aber gleichzeitig mit physiologischen Konzentrationen des Inhibitors zu arbeiten, wurden für die folgenden Experimente 50 nM CsA eingesetzt (soweit nicht anders angegeben).

Während der initialen TZR-vermittelten Th-Zellaktivierung kommt es neben der Phosphorylierung von p65 zur Dimerisierung von p65 und p50. Beides sind entscheidende Reaktionen für die initiale IL-2 Expression [100-101].

Mittels einer Stimulationskinetik wurde deshalb der Einfluss von CsA auf die p65-Phosphorylierung und die Expression von p65 und p50 untersucht. Dazu

Ergebnisse

wurden die Zellen mit PMA/Iono bzw. mit Antikörpern gegen CD3/CD28 stimuliert und die Lysate anschließend im Western Blot analysiert.

In Zellen ohne CsA Behandlung war die Phosphorylierung von p65 zwischen 5 min und 60 min Stimulationszeit detektierbar und erreichte bei 30 min ihr Maximum (Abb. 4.2A; B linke Hälfte).

CsA dagegen verursachte eine drastische Reduzierung der p65-Phosphorylierung, was jedoch nicht auf eine geringere p65-Expression zurückzuführen war (Abb. 4.2 A und B rechte Hälfte). Die Expression von p50 und p105 (dem Vorläuferprotein von p50) wurde dagegen von CsA nicht beeinflusst.

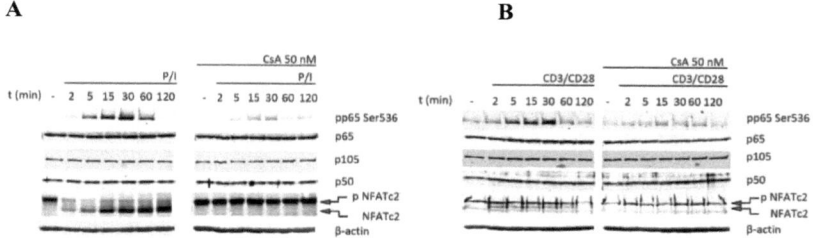

Abb. 4.2 CsA beeinträchtigt die Phosphorylierung von p65 Ser536 während der initialen Th-Zellstimulation, jedoch nicht die Expression von p65, p105 und p50. Primäre humane CD4$^+$Th-Zellen wurden 30 min mit CsA oder DMSO (Kontrolle) vorinkubiert und anschließend mit PMA/Iono (A) und Antikörpern gegen CD3/CD28 (B) für die angegebenen Zeiten stimuliert. Die Kinetik der p65-Aktivierung und der p65, p105/p50-Expression wurde im Western Blot mit Antikörpern gegen phospho p65 Ser136, p65, p105, p50 und NFATc2 analysiert. Die NFATc2-Aktivität wurde anhand unterschiedlicher elektrophoretischer Mobilität von phospho- bzw. dephospho-NFATc2 sichtbar, da der benutze Antikörper beide Zustände erkannte. Als Ladungskontrolle diente β-Actin. Western Blots wurden mit dem Odyssey Infrared Imaging System analysiert. Dargestellt sind repräsentative Ergebnisse eines Spenders (n=4).

Die Aktivierung (Dephosphorylierung) von NFATc2 konnte anhand der höheren elektrophoretischen Mobilität von dephospho-NFATc2 (120kDa) im Vergleich zu Phospho-NFATc2 (140kDa) bestimmt werden (Abb. 4.2). NFATc2 wurde bereits nach 2 min Stimulation dephosphoryliert und blieb über den gesamten Stimulationszeitraum in diesem Zustand (Abb. 4.2A;B linke Hälfte). Die

Ergebnisse

Dephosphorylierung von NFATc2 wurde durch 50 nM CsA komplett inhibiert (Abb. 4.2 A und B rechte Hälfte).

Die inhibitorische Wirkung von CsA auf die Aktivität von NF-κB p65 konnte demnach anhand der Phosphorylierungsanalysen von p65 Ser536 in primären humanen Th-Zellen bestätigt werden. Zusätzlich konnte gezeigt werden, dass CsA nur auf die initiale, TZR-vermittelte Aktivierung von NF-κB p65, nicht aber auf p105/p50 wirkt.

4.2 Charakterisierung der Inhibierung von NF-κB und AP-1 durch NFAT Signalwegsinhibitoren mittels „Fluorescent Cell Barcoding"

Die inhibitorische Wirkung von CsA auf die Aktivierung von NF-κB p65 gab Grund zu der Annahme, dass auch andere CaN/NFAT Inhibitoren unspezifisch die TZR-induzierte NF-κB-, und möglicherweise auch die AP-1-Aktivierung beeinflussen. Es sollte daher der inhibitorische Einfluss von CsA, und zusätzlich von AM404, BTP1, NCI3, und INCA6 auf die Phosphorylierung (Aktivierung) von p65, p38 und ERK1/2 untersucht werden.

Zwar war die Wirkung der Inhibitoren teilweise schon beschrieben, jedoch waren die IC_{50}-Werte aufgrund von unterschiedlichen experimentellen Bedingungen (Zellmaterial, Stimulationsbedingungen, Analysemethoden) oft nicht vergleichbar (Tab. 4.1.). Es sollte daher ein einheitliches Inhibitor-Testsystem für primäre humane Th-Zellen geschaffen werden. Dafür wurden primäre humane $CD4^+$-Th-Zellen aus Blut gesunder Spender isoliert, in Gegenwart entsprechender Inhibitorkonzentrationen für 30 min vorinkubiert und mit PMA/Iono für 15 min stimuliert.

Der Konzentrationsbereich der Inhibitoren wurde so gewählt, dass er Konzentrationen unterhalb und oberhalb der in der Literatur für NFAT beschriebenen IC_{50} beinhaltete (Tab 4.1).

Tab. 4.1 Inhibitoren des NFAT Signalwegs mit entsprechenden IC_{50} Konzentrationen

Inhibitor	IC_{50} NFAT	Referenz
AM 404	10 µM	Caballero FJ 2007[b]
BTP1	6 nM	eigene Daten [b]/Trevillyan JM 2001[c]
CsA	4 nM	Podtschaske M 2007[a]
INCA6	0,8 µM	Roehrl MH 2004[d]
NCI3	2 µM	Sieber M 2007[b]

a) Humane primäre $CD4^+$ T-Zellen (Kerntranslokation von NFATc2)
b) Jurkat Zellen (NFAT abhängige Reportergenexpression)
c) Jurkat Zellen (Reportergenaktivität am IL-2- Promotor)
d) Verdrängung des VIVIT Peptids

Um die Messung eines breiten Konzentrationsbereiches der Inhibitoren zu ermöglichen und zudem den Phosphorylierungsstatus mehrerer Signalproteine gleichzeitig zu erfassen, wurde ein Hochdurchsatz-Messverfahren, der sogenannte „Fluorescent cell Barcoding Assay" [95] etabliert. Bei dieser Durchflusszytometrie- basierten Methode werden die Zellen eines Reaktionsansatzes vor der Inkubation mit dem phosphospezifischen Antikörper mit einer definierten Menge eines „Barcoding"-Farbstoffes markiert. Dabei handelt es sich um Fluoreszenzfarbstoffe, die in Form eines aminreaktiven Succimidylesters vorliegen, und mit den Aminogruppen der Oberflächenproteine eine kovalente Amid-Bindung eingehen. Nach der Färbung mit diesen Farbstoffen werden alle Reaktionsansätze in einem einzigen Messansatz vereinigt und mit phosphospezifischen Antikörpern gegen p65, p38 und ERK1/2 inkubiert.

Ergebnisse

Im Durchflusszytometer kann man anschließend die Reaktionsansätze anhand der Fluoreszenzintensität des „Barcoding"-Farbstoffes als distinkte Population identifizieren und in diesen Populationen die Phosphorylierungen von p65, p38 und ERK1/2 analysieren (Abb. 4.3).

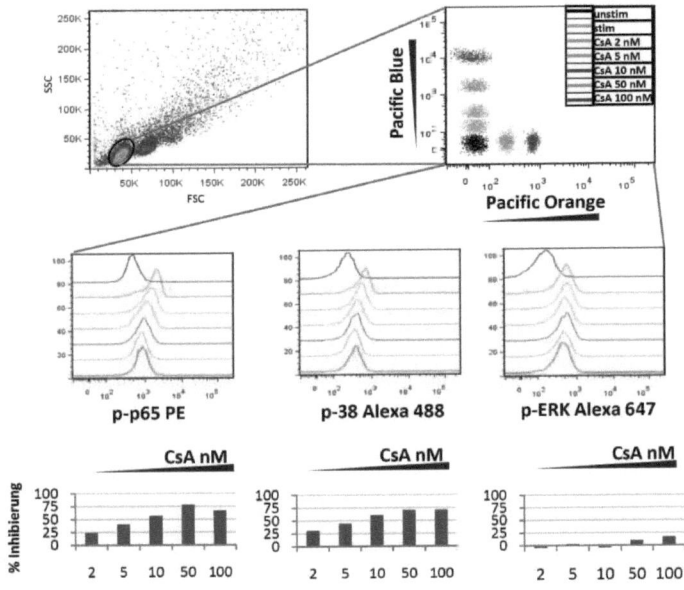

Abb. 4.3 Übersicht über die Datenaufbereitung beim Fluorescent Cell „Barcoding" am Beispiel einer Messung von CsA-behandelten Zellen. Primäre humane CD4$^+$ Th-Zellen wurden für 30 min mit zunehmenden CsA Konzentrationen oder DMSO (Kontrolle) vorinkubiert, für 15 min mit PMA/Iono stimuliert, mit Formaldehyd fixiert und mit den „Barcoding"-Farbstoffen Pacific Blue und Pacific Orange inkubiert (steigende Konzentrationen der „Barcoding"-Farbstoffe entsprachen dabei steigender Inhibitorkonzentrationen siehe Farbcode oberer Abschnitt rechts). Anschließend erfolgten die Färbung der Zellen mit Antikörpern gegen p65 pSer529 (PE), p38 pThr180/pTyr182 (Alexa 488) und pERK1/2 pThr202/pTyr204 (Alexa 647) und die Messung im Durchflusszytometer. Nach der Identifikation der Population im Forward/Sideward-Scatter wurden die Zellpopulationen anhand der Konzentrationen der „Barcoding"-Farbstoffe separiert (oberer Abschnitt), anhand des gemessenen Phosphoproteins aufgetrennt und die Populationen in einem Überlagerungshistogramm dargestellt (mittlerer Abschnitt). Aus der numerisch erfassten MFI der Proben wurde die prozentuale Inhibierung der Phosphorylierung relativ zur stimulierten Kontrollprobe errechnet und graphisch dargestellt (unterer Abschnitt).

Ergebnisse

Da bei dieser Methode bis zu zehn Reaktionsansätze in einem Messansatz vereinigt werden konnten, ließen sich die Antikörpermenge, die Anzahl der Reaktionsgefäße und damit die Messzeit entscheidend reduzieren.

Anhand der MFI-Werte aus den Durchflusszytometrie-Analysen, wurde die relative prozentuale Inhibierung der Phosphorylierung von p65, p38 und ERK1/2 errechnet. Anhand dieser Werte wurde die Spezifität des Inhibitors anhand des Ausmaßes seiner Kreuzreaktivität kategorisiert und farblich abgegrenzt:

- Grün: keine bis geringe Kreuzreaktivität ($\leq$10%) → für Signalwegsuntersuchungen geeignet
- Gelb: mittlere Kreuzreaktivität (10-50%) → bedingt für Signalwegsuntersuchungen geeignet
- Rot: hohe Kreuzreaktivität ($\geq$50%) → nicht für Signalwegsuntersuchungen geeignet.

Im Folgenden werden die einzelnen Inhibitoren hinsichtlich ihrer Kreuzreaktivität und Eignung für Signalwegsanalysen betrachtet.

4.2.1 CsA inhibiert die Phosphorylierung von p65 und p38 aber nicht von ERK1/2

Wie bereits unter Absatz 4.1 gezeigt, beeinflusste CsA die Phosphorylierung von p65 konzentrationsabhängig (Abb.4.4 links). Der mittlere IC_{50}-Wert betrug 6,5 nM (n=3). Die Phosphorylierung von p38 wurde ebenfalls sehr stark von CsA beeinträchtigt und wurde bei 2 nM bereits zu 25 % ($\pm$9 %) inhibiert (Abb. 4.4 mitte). Die maximale Inhibierung der p38-Phosphorylierung (67 % $\pm$ 3 %) wurde bei 50 nM erreicht, stieg bei höherer CsA Konzentration jedoch nicht weiter an. Es ergab sich ein IC_{50}-Wert von 7,5 nM(n=3). Die Aktivität von ERK1/2 blieb dagegen auch bei hohen CsA Konzentrationen unverändert (Abb. 4.4 rechts).

Ergebnisse

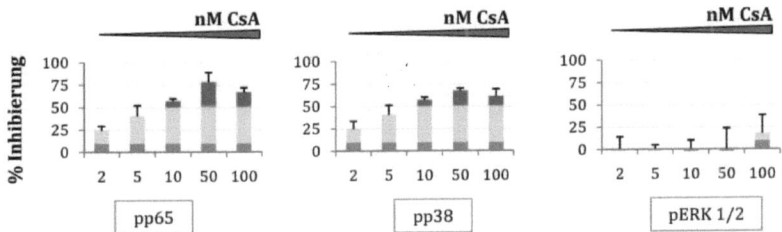

Abb. 4.4 CsA inhibiert die Phosphorylierung von p65 und p38 aber nicht von ERK. Primäre humane CD4⁺ Th-Zellen wurden für 30 min mit zunehmenden CsA Konzentrationen oder DMSO (Kontrolle) vorinkubiert, für 15 min mit PMA/Iono stimuliert, mit Formaldehyd fixiert und mit den „Barcoding"-Farbstoffen Pacific Blue und Pacific Orange inkubiert. Anschließend erfolgten die Färbung der Zellen mit Antikörpern gegen p65 pSer529 (PE), p38 pThr180/pTyr182 (Alexa 488) und pERK1/2 pThr202/pTyr204 (Alexa 647) und die Messung im Durchflusszytometer. Dargestellt ist ein Wirkungsdiagramm der Phosphorylierungsinhibierung von p65, p38 und ERK durch CsA in Prozent bezogen auf die stimulierte Kontrolle (zusammengefasst wurden Daten aus drei unabhängigen Experimenten). Grün: geringe Kreuzreaktivität (≤10 %), Gelb: mittlere Kreuzreaktivität (10-50 %), Rot: hohe Kreuzreaktivität (≥ 50 %).

Die Anwendung von CsA ermöglicht daher eine gezielte Betrachtung der Beteiligung von c-fos (aktiviert durch Raf/MAPK/Erk) an der Expression von Zielgenen, unabhängig von der NFAT-, NF-κB- und p38-Aktivität.

4.2.2 Die Kreuzreaktivität der Inhibitoren AM404, BTP1 und NCI3 gegenüber p65, p38 und ERK1/2 ist gering

Die Inhibitoren AM404, BTP1 und NCI3 zeigten eine geringe bis gar keine Kreuzreaktivität gegenüber den untersuchten Signalwegen bzw. wirkten erst bei unphysiologischen Konzentrationen inhibitorisch. Während AM404 auf p65 erst ab 30 µM einen mittleren inhibitorischen Einfluss (33 % ± 14 %) hatte, blieb die Phosphorylierung von p38 nahezu unbeeinflusst. Die Phosphorylierung von ERK1/2 wurde erst durch hohe AM404 Konzentrationen (oberhalb 20 µM) zu maximal 32 % (± 17 %) bei 40 µM inhibiert (Abb. 4.6 oben).

BTP1 zeigte bei allen eingesetzten Konzentrationen keine inhibitorische Wirkung auf die untersuchten Signalwege (Abb. 4.6 mitte)

NCI3 inhibierte die Phosphorylierung von p65 ab einer Konzentration von 10 µM zu 14 % (±13 %) und erreichte erst bei 20 µM eine maximale inhibitorische

Ergebnisse

Wirkung von 62 % (±39 %). Die Phosphorylierung von p38 war bei 20 μM zu 47 % (± 20 %) inhibiert. Die Phosphorylierung von ERK blieb gänzlich unbeeinflusst (Abb. 4.6 unten).

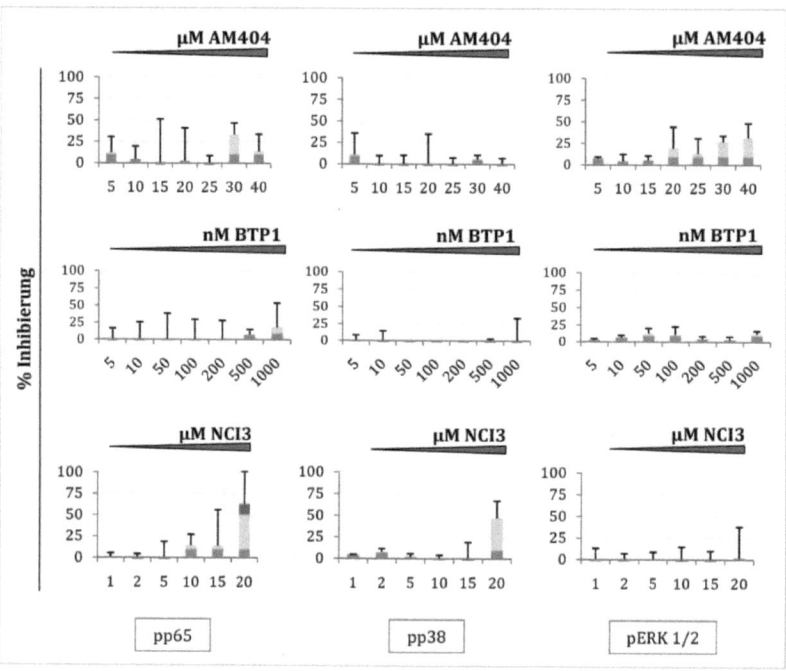

Abb. 4.5 Die Inhibitoren AM404, BTP1 und NCI3 wirken erst bei hohen Konzentrationen inhibitorisch auf die Phosphorylierung von p65, p38 und ERK1/2.
Primäre humane CD4[+] Th-Zellen wurden für 30 min mit zunehmenden Konzentrationen von AM404, BTP1 oder NCI3 bzw. DMSO (Kontrolle) vorinkubiert, für 15 min mit PMA/Iono stimuliert, mit Formaldehyd fixiert und mit den „Barcoding"-Farbstoffen Pacific Blue und Pacific Orange inkubiert. Anschließend erfolgten die Färbung der Zellen mit Antikörpern gegen p65 pSer529 (PE), p38 pThr180/pTyr182 (Alexa 488) und pERK1/2 pThr202/pTyr204 (Alexa 647) und die Messung im Durchflusszytometer. Dargestellt sind Wirkungsdiagramme der Phosphorylierungsinhibierung von p65, p38 und ERK1/2 durch die jeweiligen Inhibitoren in Prozent bezogen auf die stimulierte Kontrolle (zusammengefasst wurden Daten aus drei unabhängigen Experimenten). Grün: geringe Kreuzreaktivität (≤10 %), Gelb: mittlere Kreuzreaktivität (10-50 %), Rot: hohe Kreuzreaktivität (≥ 50 %). Inh.=Inhibierung

Ergebnisse

Da alle drei Inhibitoren bei den entsprechenden IC$_{50}$-NFAT Konzentrationen (AM404 10 µM; BTP1 6 nM; NCI3 2 µM) keine Kreuzreaktivität auf die untersuchten Signalwege zeigten, können sie für die spezifische Inhibierung von NFAT bei Signalwegsanalysen eingesetzt werden.

4.2.3 INCA6 inhibiert unspezifisch die Phosphorylierung von p65, p38 und ERK1/2

INCA6 wies eine mittlere bis hohe Kreuzreaktivität gegenüber allen drei Signalwegen auf. Am stärksten inhibierte INCA6 allerdings die Phosphorylierung von p65 und ERK1/2 (Abb. 4.6). Während für p65 bei 5 µM die höchste inhibitorische Wirkung erreicht wurde 78 % (± 11 %), inhibierten 8 µM INCA6 die Phosphorylierung von ERK zu 70 % (± 5 %). P38 wurde mit 5 µM INCA6 zu maximal 43 % (± 21 %) inhibiert.

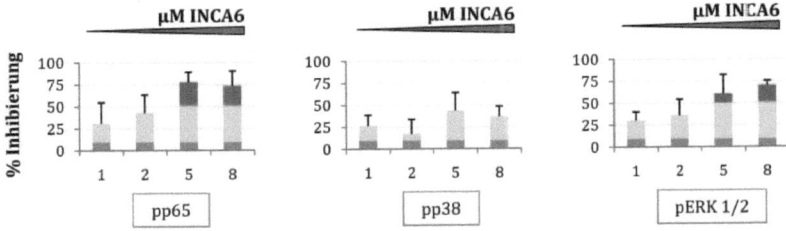

Abb. 4.6 INCA6 wirkt stark kreuzreaktiv auf die Phosphorylierung von p65, p38 und ERK1/2. Primäre humane CD4$^+$ Th-Zellen wurden für 30 min mit zunehmenden Konzentrationen von INCA6 bzw. DMSO (Kontrolle) vorinkubiert, für 15 min mit PMA/Iono stimuliert, mit Formaldehyd fixiert und mit den „Barcoding"-Farbstoffen Pacific Blue und Pacific Orange inkubiert. Anschließend erfolgten die Färbung der Zellen mit Antikörpern gegen p65 pSer529 (PE), p38 pThr180/pTyr182 (Alexa 488) und pERK1/2 pThr202/pTyr204 (Alexa 647) und die Messung im Durchflusszytometer. Dargestellt sind Wirkungsdiagramme der Phosphorylierungsinhibierung von p65, p38 und ERK1/2 durch INCA6 in Prozent bezogen auf die stimulierte Kontrolle (zusammengefasst wurden Daten aus drei unabhängigen Experimenten). Grün: geringe Kreuzreaktivität (≤10 %), Gelb: mittlere Kreuzreaktivität (10-50 %), Rot: hohe Kreuzreaktivität (≥ 50 %).

Bereits bei der geringsten untersuchten Konzentration von 1 µM (IC$_{50}$ NFAT = 0,8 µM) blockierte der Inhibitor alle drei Signalwege zu über 25 % und ist demnach für eine spezifische Inhibierung von NFAT nicht geeignet (Abb. 4.6).

Ergebnisse

4.3 Charakterisierung des CsA Einflusses auf NF-κB-Aktivierungsprozesse

Nachdem gezeigt werden konnte, das Inhibitoren des CaN/NFAT-Signalwegs die Aktivierung von NF-κB p65 teilweise stark beeinträchtigen (CsA, INCA6), sollten nun molekulare Mechanismen einer CaN-vermittelten NF-κB-Aktivierung identifiziert und charakterisiert werden. In den vorangegangenen Untersuchungen ist bisher nur der Phosphorylierungszustand von NF-κB p65 betrachtet worden. Die im Folgenden beschriebenen Experimente dienten weiterführend der schrittweisen Aufklärung des CsA-Einflusses auf wichtige Prozesse der TZR-vermittelten NF-κB-Aktivierung.

4.3.1 CsA beeinträchtigt die Bindung von p65 an die DNA

Heterodimere der NF-κB-Proteine p65 und p50 translozieren nach TZR-Stimulation in den Zellkern und binden an eine spezifische Erkennungssequenz in der Promotorregion (GGGGACTTTCCC, [96])entsprechender Zielgene. Mit Hilfe eines Electrophoretic Mobility Shift Assays (EMSA) wurde untersucht, ob CsA die Bindung von NF-κB p65 an dessen Erkennungssequenz hemmt. Dazu wurden Kernextrakte aus primären humanen CD4$^+$ Th-Zellen präpariert und mit einem Cy5.5 markierten Oligonukleotid inkubiert, welches die Erkennungssequenz von p65 beinhaltete. Erfolgte eine Bindung von p65 an dieses Oligonukleotid, entsprach dessen Laufgeschwindigkeit im elektrischen Feld der von p65. Anhand der Veränderung der elektrophoretischen Mobilität, konnten gebundene Oligonukleotide von ungebundenen unterschieden werden.

In der unbehandelten (nicht mit CsA inkubierten) Probe war die Bindung von p65 an das Oligonukleotid nach 30 min PMA/Iono Stimulation gut erkennbar. Eine CsA Konzentration von 2 nM verringerte die Bindung im Vergleich zur unbehandelten stimulierten Probe bereits deutlich. Bei 50 nM CsA wurde eine stärkere, jedoch nicht vollständige Blockierung der DNA-Bindung erreicht (Abb. 4.7A).

Ergebnisse

Die Spezifität der Bindung wurde durch Zugabe eines kompetitiven Oligonukleotids gleicher Sequenz, in hundertfach molarem Überschuss nachgewiesen. (Abb. 4.7A Spur 3).

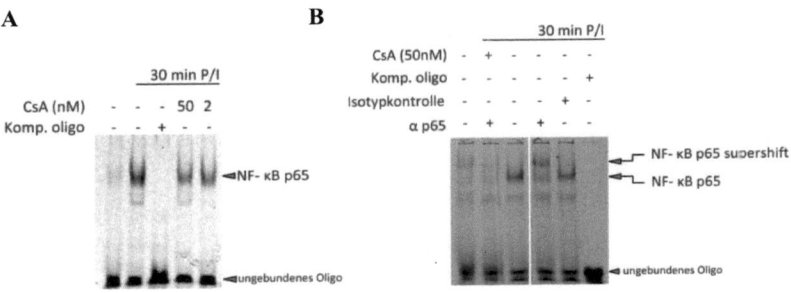

Abb. 4.7 CsA inhibiert die DNA-Bindung von NF-κB p65. Aus CsA-behandelten und PMA/Iono-stimulierten primären humanen CD4[+] Th-Zellen wurden Kernextrakte isoliert und mit Cy5.5-markierten Oligonukleotiden inkubiert. Die Spezifität der Bandenshifts wurde durch Zugabe eines unmarkierten kompetitiven Oligonukleotids (komp. Oligo) in hundertfachem molaren Überschuss (**A,B**) und einer Supershift Analyse mit einem Antikörper gegen p65 und entsprechender Isotypkontrolle (**B**) nachgewiesen. Die Analyse des Gels erfolgte im Odyssey Infrared Imaging System. Dargestellt sind die Ergebnisse zweier Spender (n=8).

Um zu bestätigen, dass die beobachteten EMSA-Banden tatsächlich NF-κB p65 entsprachen, wurde zusätzlich eine Supershift-Analyse mit einem Antikörper gegen p65 durchgeführt. Dazu wurden die Kernextrakte noch vor der Oligonukleotid-Bindungsreaktion mit einem anti-p65 Antikörper inkubiert. Der Komplex aus Antikörper, p65 und Oligonukleotid verlangsamt noch einmal die Laufgeschwindigkeit im Gel und wird dadurch als Supershift sichtbar (Abb. 4.7 B Spur 4). Anhand des beobachteten p65-Supershifts konnte die Spezifität der EMSA-Analyse bestätigt werden. Hervorzuheben ist, dass in diesem Versuch die DNA-Bindung von p65 vollständig durch 50 nM CsA inhibiert worden ist (Abb. 4.7 B Spur 2). Diese Beobachtung bestätigt die bereit unter Absatz 4.1.1 beschriebene spenderabhängige inhibitorische Wirkung von CsA. In

Übereinstimmung mit den gezeigten Phosphorylierungsanalysen konnte der inhibitorische Einfluss von CsA auf NF-κB erneut bestätigt werden.

4.3.2 CsA beeinträchtigt die Kerntranslokation von NF-κB p65

Voraussetzung für die Bindung von NF-κB p65 an die DNA ist die Translokation von p65 vom Zytosol in den Zellkern. Der Einfluss von CsA auf die Translokation von p65 wurde daher in Kernextrakten und zytosolischen Extrakten primärer humaner $CD4^+$ T-Zellen analysiert.

Folgende Parameter wurden mittels Western Blot analysiert (Abb. 4.8A):

- Phosphorylierung von p65 Ser536
- nukleäres und zytosolisches p65
- nukleäres und zytosolisches p105/p50
- Lamin B als Kontrolle für die Reinheit der Kernfraktion
- β-Actin als Ladungskontrolle

Die Signale von pp65 und p65 im Western Blot Daten wurden zudem quantifiziert (Abb. 4.8A; B).

Phospho-p65 konnte nach Stimulation im Zellkern nachgewiesen werden, während CsA die Kerntranslokation von phospho-p65 blockierte (Abb. 4.8A, Reihe 1; vgl. Spur 1,2 und 4 und Abb. 4.8B). Im Zytosol unbehandelter (nicht mit CsA inkubierter) stimulierter Proben war eine starke Phosphorylierung von p65 im Vergleich zu den unstimulierten Proben zu erkennen. Zytosolisches p65 in CsA-behandelten Zellen war dagegen nur sehr schwach phosphoryliert (Abb. 4.8A, Reihe 1; vgl. Spur 5,6 und 8 und Abb. 4.8B).

Ergebnisse

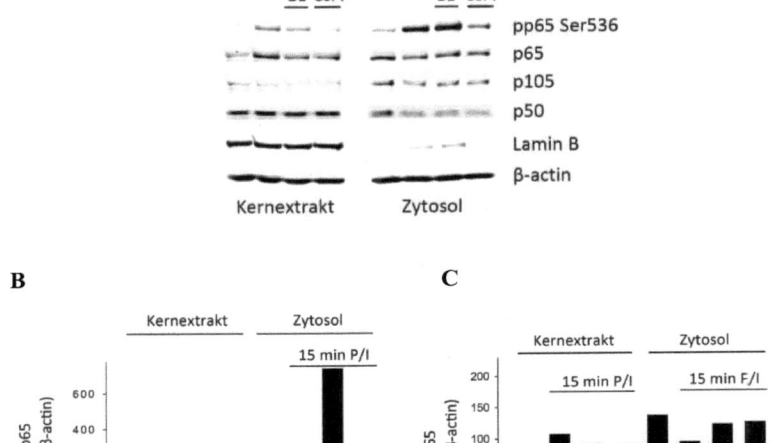

Abb. 4.8 CsA interferiert mit der Kerntranslokation von NF-κB p65. Kernextrakte und zytosolische Extrakte wurden aus primären humanen mit PMA/Iono stimulierten CD4⁺Th-Zellen extrahiert. Einige Zellen wurden vor der Stimulation für 30 min mit CsA bzw. Bortezomib (BZ) inkubiert. Nukleäres und zytosolisches phospho p65, p65, p105/p50 wurde im Western Blot mit entsprechenden Antikörpern detektiert. Lamin B diente als Reinheitskontrolle für Kernextrakte und β-Actin diente als Ladungskontrolle (**A**). Western Blots wurden mit dem Odyssey Infrared Imaging System analysiert. Die Intensitäten von pp65 (**B**), p65 (**C**) und β-Actin wurden mit der Odyssey Application Software quantifiziert und die relative Menge von pp65 bzw. p65 im Verhältnis zu β-Actin berechnet. Dargestellt sind repräsentative Ergebnisse eines Spenders (n=2).

Die Phosphorylierung von p65 ist Voraussetzung für seine Kerntranslokation. Daher wurde die Auswirkung von CsA auf die Translokation des gesamtem p65 betrachtet. In unbehandelten Zellen war die Kentranslokation intakt, da die Menge an p65 im Kernextrakt nach Stimulation zunahm, während sie gleichzeitig im Zytosol abnahm (Abb. 4.8A, Reihe 2; vgl. Spur 1,2 und 5,6 und Abb. 4.8C). P65 war dagegen in Kernextrakten CsA-behandelter Zellen im Vergleich zu unbehandelten stimulierten Proben deutlich reduziert. Weiterhin war ein erhöhtes Vorkommen von p65 im Zytosol der CsA-behandelten Zellen sichtbar (Abb. 4.8A, Reihe 2; vgl. Spur 6,8 und Abb. 4.8C).

Ergebnisse

Als Kontrolle wurde der Proteasominhibitor Bortezomib eingesetzt, welcher die Kerntranslokation von p65 durch Unterbindung des proteasomalen Abbaus von IκBα hemmt [102]. Bortezomib inhibierte die phospho-p65 Translokation weniger stark als CsA (Abb. 4.8A, Reihe 1; vgl. Spur 2,3,4 und Abb. 4.8B). Interessanterweise war das Signal von zytosolischem phospho-p65 in der Bortezomib behandelten Probe im Vergleich zur unbehandelten stimulierten Probe aber stärker (Abb. 4.8A, Reihe 1; vgl. Spur 5,6,7 und Abb. 4.8B). Dies könnte bedeuten, dass Bortezomib durch Blockierung des IκBα-Abbaus eine Akkumulation von phospho-p65 im Zytosol verursacht. Diese Beobachtung lässt darauf schließen, dass die Phosphorylierung von p65 durch IKKβ unabhängig vom proteasomalen IκBα-Abbau ist.

Die Inhibierung der Translokation von p65 durch Bortezomib war vergleichbar mit der Wirkung von CsA (Abb. 4.8A, Reihe 2; vgl. Spur 7,8 und Abb. 4.8C). Zu unterstreichen ist, dass CsA und Bortezomib keinen Einfluss auf die Prozessierung von p105 zu p50 bzw. auf die Kerntranslokation von p50 hatten.

Um die Reinheit der Kernfraktion zu überprüfen, wurde zur Kontrolle das Vorkommen des Kernmembranproteins Lamin B überprüft. Die sehr geringen Mengen an Lamin B im Zytosol im Vergleich zu den Kernextrakten unterstreichen die Reinheit der Fraktionen und damit die Spezifität der Analysen.

4.3.3 IκBα-Phosphorylierung/Degradation und IKKβ-Phosphorylierung werden von CsA beeinträchtigt

IκBα maskiert in ruhenden Zellen die Kernimportsequenz von p65 und verhindert damit dessen Kerntranslokation. Nach Aktivierung der Zelle wird IκBα zunächst von IKKβ phosphoryliert und daraufhin proteasomal degradiert wodurch die Translokation von p65 in den Kern ermöglicht wird [24]. Im folgenden Experiment wurde die Wirkung von CsA auf die IκBα-

Phosphorylierung bzw. die IκBα-Degradation und die IKKβ–Aktivität mittels einer Stimulationskinetik untersucht. In unbehandelten Zellen wurde IκBα nach 5 min Stimulation phosphoryliert und innerhalb von 30 min vollständig abgebaut (Abb. 4.9A links). Nach 60 min erfolgte eine Neusynthese von IκBα. Diese wird direkt von p65 gesteuert und fungiert als negativer Rückkopplungsmechanismus, um eine dauerhafte NF-κB-Aktivierung zu verhindern [103].

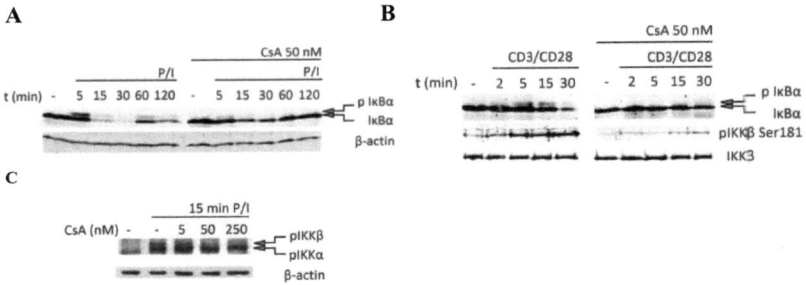

Abb. 4.9 CsA inhibiert die IκBα-Phosphorylierung und Degradation und selektiv die IKKβ-Phosphorylierung. Primäre humane CD4⁺Th-Zellen wurden 30 min mit den angegebenen CsA Konzentrationen oder DMSO (Kontrolle) vorinkubiert und anschließend mit PMA/Iono (**A**; **C**), und Antikörpern gegen CD3/CD28 (**B**) für die angegebenen Zeiten stimuliert. Die Kinetik der IκBα-Phosphorylierung und IκBα-Degradation (**A, B**) und der IKKβ-Phosphorylierung bzw. Expression (**B**) wurde im Western Blot mit Antikörpern gegen IκBα, pIKKβ Ser181, und IKKβ analysiert. Die IKKβ-, aber nicht die IKKα-Phosphorylierung wird konzentrationsabhängig von CsA gehemmt (**C**). Dargestellt ist ein Western Blot von phospho IKKα(Ser180)/β(Ser181). Als Ladungskontrolle diente β-actin. Alle Western Blots wurden mit dem Odyssey Infrared Imaging System analysiert. Dargestellt sind repräsentative Ergebnisse eines Spenders (A,B n=3; C n=2).

CsA inhibierte deutlich sowohl die Phosphorylierung als auch die Degradation von IκBα. Zudem interferierte CsA mit der Degradation von *de novo* synthetisiertem IκBα (nach 60 bzw. 120 min Stimulation) was zu dessen Akkumulation im Zytosol führte (vgl. 60 bzw. 120 min, Abb.4.9A).

Die Phosphorylierung der IκBα-Kinase IKKβ an Ser181 [104] war beinahe vollständig durch CsA blockiert, was jedoch nicht auf eine geringere Expression von IKKβ zurückzuführen war. Zudem scheint CsA selektiv die IKKβ-Phosphorylierung zu beeinflussen. Während IKKβ bereits bei 50 nM CsA komplett inhibiert wurde, blieb die IKKα-Phosphorylierung unbeeinflusst. Diese Beobachtung unterstreicht die Wichtigkeit der IKKβ für die TZR-vermittelte Aktivierung von p65.

4.3.4 CsA inhibiert die Dephosphorylierung von Bcl-10

Die Aktivität des IKK-Komplexes hängt von der Formierung eines Signalkomplexes bestehend aus den Proteinen CARMA1, Bcl-10 und MALT1 ab. Die Assoziation dieses CBM-Komplexes ist damit essentiell für die NF-κB Aktivierung [31]. Das Adapterprotein Bcl-10 war für die Untersuchungen besonders interessant, weil es ein transientes Phosphorylierungsmuster aufweist. Die Phosphorylierung ist innerhalb von 5-30 min nach Aktivierung des TZR sichtbar, [45, 105] und kann durch die Kinasen IKKβ [45], CaMKII [46], p38 [47] und RIP2 [48] ausgelöst werden. Die Funktion der Bcl-10-Phosphorylierung/-Dephosphorylierung ist bislang aber nicht geklärt.

Das Bcl-10-Phosphorylierungsmuster wurde daher im Hinblick auf den CsA Einfluss untersucht. Für die Analysen wurde ein Antikörper benutzt, der sowohl die basale, als auch die phosphorylierte Bcl-10-Form erkannte [48, 106]. Phospho-Bcl-10 konnte im Western Blot anhand seiner reduzierten elektrophoretischen Mobilität nachgewiesen werden (Abb. 4.10 A).

In unbehandelten Zellen wurde Bcl-10 innerhalb von 15 min nach PMA/Iono - bzw. TZR-Stimulation (Abb. 4.10 A bzw. Abb. 4.10 C) phosphoryliert und lag nach 30 min wieder dephosphoryliert vor. Diese Dephosphorylierung von Bcl-10 war in CsA-behandelten Zellen jedoch blockiert, und Bcl-10 blieb während des gesamten Stimulationszeitraums (15-60 min) phosphoryliert (Abb. 4.10 A, B, C).

In unstimulierten Zellen war bereits eine basale Phosphorylierung von Bcl-10 zu erkennen. Dieser Zustand wurde bereits von Rebeaud *et al.* beschrieben [55]. In den hier durchgeführten Experimenten variierte die basale Phosphorylierung spenderabhängig (vgl. unstimulierte Probe in Abb. 4.10 A,D mit C).

Ergebnisse

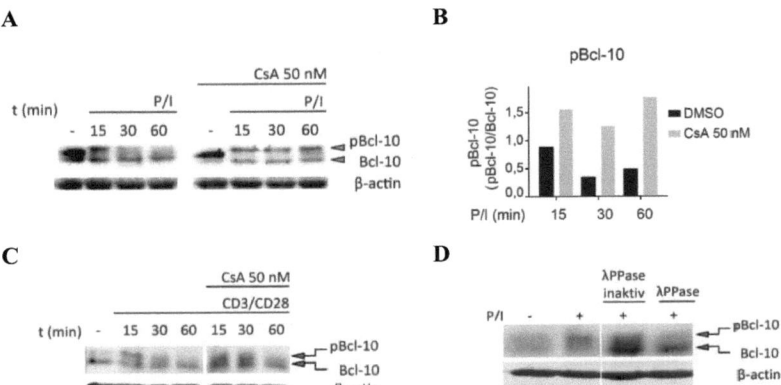

Abb. 4.10 CsA inhibiert die Dephosphorylierung von Bcl-10. Primäre humane CD4⁺Th-Zellen wurden 30 min mit den angegebenen CsA Konzentrationen oder DMSO (Kontrolle) vorinkubiert und anschließend mit PMA/Ionomycin (**A**), und Antikörpern gegen CD3/CD28 (**C**) für die angegebenen Zeiten stimuliert. Die Phosphorylierungs-/Dephosphorylierungsmuster von Bcl-10 wurden im Western Blot mit Antikörpern gegen Bcl-10 detektiert. Mit Hilfe der Odyssey Application Software wurden die Intensitäten von pBcl-10 und Bcl-10 quantifiziert und die relative Intensität von pBcl-10 berechnet (**B**). Phospho-Bcl-10 migrierte langsamer im Gel als dephospho-Bcl-10 und war sensitiv gegenüber Behandlung mit λ-Phosphatase (λ-PPase) für 30 min bei 37°C (**D**). Als Ladungskontrolle diente β-actin. Alle Western Blots wurden mit dem Odyssey Infrared Imaging System analysiert. Dargestellt sind repräsentative Ergebnisse eines Spenders (A n=5; C,D n=3).

Die pBcl-10-Bande war spezifisch, da sie durch Behandlung mit λ-Phosphatase eliminiert werden konnte (Abb. 4.10 D).

Vor einiger Zeit beschrieben Ishiguro *et al.*, dass die Phosphorylierung von Ser138 im C-Terminus von Bcl-10 die Aktivierung von NF-κB blockiert [46]. Da CsA offensichtlich die Dephosphorylierung von Bcl-10 beeinträchtigte, war anzunehmen, dass ein Zusammenhang zwischen der Calcineurinaktivität, der Bcl-10 Ser138-Phosphorylierung, und damit der NF-κB-Aktivierung besteht. Um dies zu überprüfen, wurden die Zellen in Gegenwart steigender CsA Konzentrationen stimuliert.

Die Bcl-10 Ser138-Phosphorylierung nahm mit steigenden CsA Konzentrationen zu (Abb. 4.11), während die p65 Phosphorylierung zurückging (vgl. Absatz 4.1.1Abb. 4.1 A). Mit dieser Analyse konnten der inhibitorischen

Ergebnisse

Einfluss von phospho-Bcl-10 Ser138 auf die Aktivierung von NF-κB, und damit die Beobachtungen von Ishiguro et al. bestätigt werden.

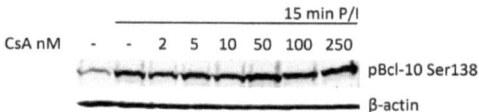

Abb. 4.11 Die Bcl-10-Dephosphorylierung und NF-κB p65-Phosphorylierung hängen von der Calcineurinaktivität ab. Primäre humane CD4⁺Th-Zellen wurden für 15 min mit PMA/Iono in Gegenwart steigender CsA Konzentrationen stimuliert. Die Analyse der Bcl-10-Phosphorylierung erfolgte mittels Western Blot mit einem Antikörper gegen Bcl-10 pSer138. Als Ladungskontrolle diente β-Actin. Die Analyse des Western Blots erfolgte mit dem Odyssey Infrared Imaging System. Dargestellt sind repräsentative Ergebnisse eines Spenders (n=2).

Die Anwendung des spezifischen, Cyclophilin-unabhängigen CaN Inhibitors NCI3 [81] zeigte zudem, dass die Inhibierung der Bcl-10-Dephosphorylierung tatsächlich auf der Inhibierung von CaN, und nicht auf der Inhibierung von Cyclophilin beruht (Abb. 4.12).

Wie bereits im Abschnitt 4.2.2 gezeigt, inhibieren 10 µM NCI3 die NF-κB-Aktivierung spenderabhängig zu 14 % (±13 %). Diese beobachtete Inhibierung geht demnach auf die anhaltende Bcl-10-Phosphorylierung zurück, welche durch NCI3 verursacht wird (Abb. 4.12).

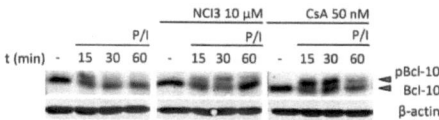

Abb. 4.12 Die Inhibierung der Bcl-10 Dephosphorylierung wird durch die Inhibierung von CaN und nicht von Cyclophilin verursacht. Primäre humane CD4⁺Th-Zellen wurden mit 10 µM NCI3 und 50 nM CsA vorinkubiert und mit PMA/Iono für die angegebenen Zeiten stimuliert. Die Phosphorylierungs-/Dephosphorylierungsmuster von Bcl-10 wurden im Western Blot mit Antikörpern gegen Bcl-10 gemessen. Als Ladungskontrolle diente β-Actin. Die Analyse des Western Blots erfolgte mit dem Odyssey Infrared Imaging System. Dargestellt sind repräsentative Ergebnisse eines Spenders (n=2).

Zusammengefasst verdeutlichen diese Untersuchungen die Bedeutung der Bcl-10- Dephosphorylierung für die TZR-vermittelte Aktivierung von NF-κB.

4.3.5 Die Aktivierung von PKCθ und TAK1 wird nicht durch CsA gehemmt

Signalprozesse oberhalb der Phosphorylierung/Dephosphorylierung von Bcl-10 beinhalten die Aktivierung der Proteinkinase C θ (PKCθ) und der Transforming Growth Factor β associated kinase 1 (TAK1). PKCθ phosphoryliert das Gerüstprotein CARMA1 und TAK1. TAK1 trägt zur Phosphorylierung von IKKα/β, und damit zur vollständigen Aktivierung des IKK-Komplexes bei [22-23]. Um den inhibitorischen Effekt von CsA auf die PKCθ-und TAK1-Aktivität zu überprüfen, wurde der Phosphorylierungsstatus von PKCθ Thr538 (Abb.4.13 A) und TAK1 Thr184/187 (Abb.4.13 B) bestimmt.

In unbehandelten Zellen lag PKCθ-Thr538 bereits nach 5 min Stimulation maximal phosphoryliert vor, während Bcl-10 erst nach Abklingen der PKCθ-Aktivität (< 10 min) phosphoryliert wurde. Nach 30 min Stimulation war Bcl-10 dephosphoryliert und NF-κB p65 maximal phosphoryliert.

Eine CsA Behandlung hatte jedoch keine Auswirkung auf die PKCθ-Aktivität. Allerdings waren, in Übereinstimmung mit vorherigen Versuchen, die Dephosphorylierung von Bcl-10 und die Phosphorylierung von NF-κB p65 stark durch CsA gehemmt während die Expressionsraten beider Proteine unbeeinflusst blieben (Abb. 4.13A). In unstimulierten CsA-behandelten Zellen war zudem eine starke Bcl-10-Phosphorylierung zu erkennen, welche womöglich durch die CsA-vermittelte Blockierung der basalen Calcineurinaktivität hervorgerufen wird [107].

Ergebnisse

A

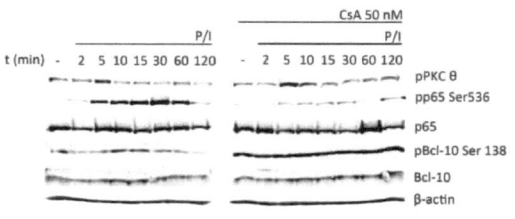

B

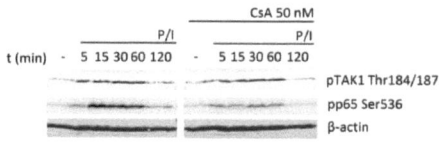

Abb. 4.13 CsA inhibiert nicht die Aktivierung von PKCθ und TAK1. Primäre humane CD4⁺Th-Zellen wurden 30 min mit 50 nM CsA oder DMSO (Kontrolle) vorinkubiert und anschließend mit PMA/Ionomycin für die angegebenen Zeiten stimuliert. Die Phosphorylierungsmuster von PKCθ Thr538, Bcl-10 Ser138 NF-κB p65 Ser536 (**A**), TAK1 Thr 184/187 (**B**) und die Expression von Bcl-10 und p65 wurden im Western Blot mit entsprechenden Antikörpern unter Benutzung des Odyssey Infrared Imaging Systems analysiert. Als Ladungskontrolle diente β-actin. Dargestellt sind repräsentative Ergebnisse eines Spenders (A n=3; B n=2).

Phospho-TAK1 war zwischen 5 und 60 min Stimulation nachweisbar. CsA zeigte ebenfalls keinen Effekt auf die Phosphorylierung von TAK1 Thr184/187 (Abb. 4.13 B). Die Tatsache, dass die Phosphorylierung von PKCθ und TAK1 nicht von CsA beeinflusst wurde, erlaubte die Schlussfolgerung, dass die Inhibierung der TZR vermittelten NF-κB-Aktivierung auf eine verlängerte Phosphorylierung bzw. eine blockierte Dephosphorylierung von Bcl-10 zurückzuführen ist.

Die Phosphorylierung/Dephosphorylierung von Bcl-10 konnte daher als entscheidender Prozess der TZR-vermittelten NF-κB-Aktivierung bestätigt werden.

Ergebnisse

4.3.6 Die Assoziation von Bcl-10-MALT1 wird nicht durch die Bcl-10-Phosphorylierung gestört

Die Interaktion des Adapterproteins Bcl-10 mit dem Gerüstprotein MALT1 ist essentiell für die Signalweiterleitung im NF-κB Signalweg. Mit Hilfe von Koimmunpräzipitationen wurde untersucht, ob eine differenzielle Bcl-10-Phosphorylierung (ausgelöst durch Stimulation bzw. durch CsA) die Interaktion von MALT1 und Bcl-10 beeinflusst.

MALT1 wurde zunächst aus Lysaten PMA/Iono-stimulierter primärer humaner CD4$^+$ Th-Zellen präzipitiert. Anschließend wurden mittels Western Blot kopräzipitiertes Bcl-10 detektiert.

Um die Zeitabhängigkeit der Bcl-10-MALT1-Interaktion zu prüfen, wurde deren Bindung nach 5 min und 30 min Stimulation (Abb. 4.14 A) und 15 min bestimmt (Abb. 4.14 A). Die Bcl-10/MALT1-Interaktion war bei allen Stimulationszeitpunkten (5 min und 30 min bzw. 15 min) nachweisbar (Abb. 4.14 A, B).

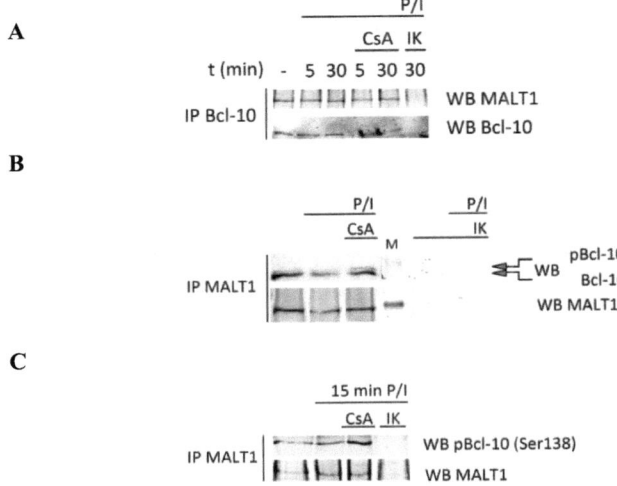

Abb. 4.14 TZR-Stimulation und CsA beeinflussen die Interaktion von Bcl-10 und MALT1 nicht. Primäre humane CD4$^+$ Th-Zellen wurden für 5 und 30 min (**A**) bzw. für 15 min (**B, C**) mit PMA/Iono in An-oder Abwesenheit von 50 nM CsA stimuliert. Nach Stimulation wurden die Zellen lysiert und die Immunopräzipitation mit Antikörpern gegen Bcl-10 (**A**) und MALT1 (**B, C**) und entsprechenden Isotypkontrollen (IK) durchgeführt. Die Kopräzipitation von Bcl-10, pBcl-10 (Ser138) und MALT1 wurde mittels Western Blot-Analyse mit entsprechenden Antikörpern detektiert. Die Western Blots wurden mit dem Odyssey Infrared Imaging System analysiert. Dargestellt sind repräsentative Ergebnisse eines Spenders (A,B n=3; C n=4). M=Marker

Zudem war die Bcl-10/MALT1-Interaktion auch in stimulierten CsA-behandelten Zellen stabil (Abb. 4.14 A,B), und wurde auch nicht durch die starke Phosphorylierung von Bcl-10 in CsA-behandelten Zellen gestört (Abb. 4.14C). Die Dephosphorylierung von Bcl-10 scheint daher nicht kritisch für die Stabilität der Bcl-10-MALT1-Interaktion zu sein.

4.3.7 Verifizierung der CaN-Bcl-10-Interaktion

Literaturdaten belegen, dass die Phosphorylierung von Bcl-10 inhibierend auf die NF-κB-Aktivierung wirkt [46, 108]. Diese Beobachtung konnte durch eigene Daten vorangegangener Versuche bestätigt werden. Die Tatsache, dass die Bcl-10-Dephosphorylierung durch CaN-Inhibierung beeinträchtigt ist, warf die Frage nach einer direkten Interaktion von CaN und Bcl-10 auf. Dieser Fragestellung wurde mit den folgenden Versuchen nachgegangen.

4.3.8 CaN assoziiert mit dem Bcl-10/MALT1 Komplex

Es konnte gezeigt werden, dass eine CaN-Inhibierung die Bcl-10-Phosphorylierung deutlich verlängert und im Falle von Ser 138 auch verstärkt (vgl. Abb. 4.11; 4.12; 4.13). Um die molekularen Ursachen einer CsA gesteuerten CaN-Inhibierung mit einhergehender verminderter NF-κB-Aktivität weiter aufzuklären, wurde zunächst die direkte Interaktion von CaN und Bcl-10 mittels Koimmunpräzipitation überprüft.

CaN konnte als Interaktionspartner von Bcl-10 ermittelt werden. Interessanterweise waren CaN und Bcl-10 bereits in unstimulierten Zellen assoziiert und ihre Interaktion war auch zu einem späteren Stimulationszeitpunkt noch stabil. Die CsA Behandlung hatte zudem keinen Einfluss auf die Interaktion beider Proteine (Abb. 4.15A).

A

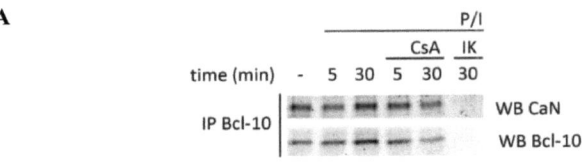

B

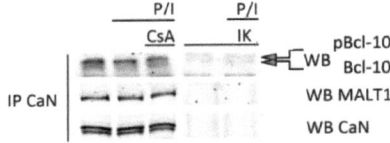

Abb. 4.15 **CaN assoziiert mit Bcl-10 und MALT1.** Primäre humane CD4$^+$ Th-Zellen wurden für 5 und 30 min (**A**) bzw. für 15 min (**B**) mit PMA/Iono in An-oder Abwesenheit von 50 nM CsA stimuliert. Nach Stimulation wurden die Zellen lysiert und die Immunpräzipitation mit Antikörpern gegen Bcl-10 (**A**) bzw. CaN (**B**) und entsprechenden Isotypkontrollen (IK) durchgeführt. Die Kopräzipitation von CaN, Bcl-10 und MALT1 wurde im Western Blot-Analyse mit entsprechenden Antikörpern detektiert. Die Analyse der Proteinsignale erfolgte mit dem Odyssey Infrared Imaging System. Dargestellt sind repräsentative Ergebnisse eines Spenders (n=4).

Nach Immunpräzipitation von CaN konnte neben Bcl-10 auch sehr deutlich eine Kopräzipitation von MALT1 nachgewiesen werden. Die CaN/Bcl-10/MALT1-Interaktion bestand permanent und wurde weder durch TZR-Stimulation, noch durch CsA oder Bcl-10-Phosphorylierung verhindert (Abb. 4.15 B). Die Spezifität der Proteinsignale konnte zudem durch Isotypkontrollen bestätigt werden.

Zusammenfassend zeigen diese Untersuchungen, dass CaN in primären humanen CD4$^+$ Th-Zellen permanent mit dem Bcl-10/MALT1-Komplex assoziiert ist.

4.3.9 Phospho-Bcl-10 ist ein Substrat von CaN

Mittels einer *in vitro* Phosphatasereaktion sollte anschließend überprüft werden, ob phospho-Bcl-10 ein Substrat von CaN ist. Dazu wurde Bcl-10-YFP zunächst in RLM-11-1-Zellen [93] überexprimiert. Die Stärke der Bcl-10-Expression wurde zunächst im Fluoreszenzmikroskop analysiert (Abb. 4.16 A). Nach Stimulation mit PMA/Iono wurden die Zellen lysiert und mit rekombinantem CaN inkubiert. Die Phosphorylierung/Dephosphorylierung von Bcl-10 wurde im Western Blot anhand von pSer138 analysiert.

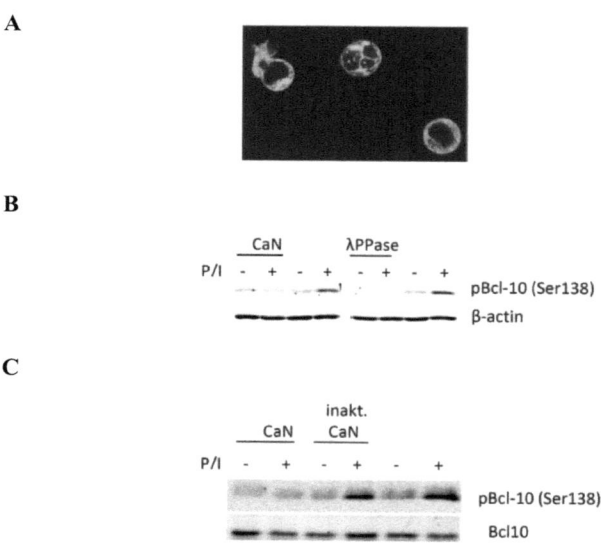

Abb. 4.16 Phospho-Bcl-10 Ser138 wird durch CaN dephosphoryliert. RLM-11-1-Zellen wurden mit Bcl-10-YFP transfiziert und mit PMA/Iono für 15 min stimuliert. Die Bcl-10 Expression wurde anhand des YFP-Signals im Fluoreszenzmikroskop beurteilt (**A**). Anschließend wurden die Zelllysate mit rekombinantem CaN bzw. λ-Phosphatase (**B**) oder Hitze-inaktiviertem CaN (inakt.)(65°C, 30 min) (**C**) für 30 min inkubiert. Die Bcl-10-Phosphorylierung wurde im Western Blot unter Benutzung des pSer138-Antikörpers analysiert. Dargestellt sind repräsentative Ergebnisse aus drei unabhängigen Experimenten.

Eine stimulationsinduzierte Phosphorylierung von Bcl-10 Ser138 konnte vollständig durch CaN verhindert werden. Die Dephosphorylierung durch CaN war dabei vergleichbar mit der λ-Phosphatase, welche als Kontrolle eingesetzt wurde (Abb. 4.16 B). Hitzebehandlung von CaN führte zur Inaktivierung der enzymatischen Aktivität und folgerichtig nicht zu einer Dephosphorylierung von Bcl-10 (Abb. 4.16 C). Quantifizierungsanalysen der pBcl-10-Signale ergaben eine Reduzierung der Ser138-Phosphorylierung um 9 % (±15 %) im Vergleich zur stimulierten Kontrolle (n=3).

Anhand dieser Untersuchungen kann abschließend festgehalten werden, dass Bcl-10 ein physiologisches Substrat von CaN darstellt, welches stimulationsunabhängig mit dem Bcl-10/MALT1 Komplex interagiert. Diese Interaktion ermöglicht die Dephosphorylierung von Bcl-10 und schließlich die Aktivierung von NF-κB.

5 Diskussion

5.1 Spezifität von Inhibitoren des CaN/NFAT- Signalwegs

Inhibitoren sind wichtige Substanzen zur Regulierung von Immunantworten mit denen sich die Zytokinproduktion, Proliferation und Differenzierung von Immunzellen beeinflussen lassen. Ein wichtiger Angriffspunkt für Inhibitoren sind Signalwege von Transkriptionsfaktoren. Für die Inhibierung des CaN/NFAT-Signalwegs sind beispielsweise fünfundfünfzig Substanzen beschrieben [79] worden. Problematisch ist, dass die Wirkung von Inhibitoren oft nur in einem bestimmten Zellsystem und mit unterschiedlichen Analysemethoden (z. B. Reportergenexpression, Kerntranslokation, Zytokinproduktion) gezeigt wird, und daher die Effekte nicht immer auf andere experimentelle Bedingungen übertragbar sind. Zudem wirken Inhibitoren oft unspezifisch auf benachbarte Signalwege.

Im Rahmen dieser Arbeit wurde daher ein Inhibitor-Testsystem für primäre humane Th-Zellen entwickelt mit dem die Kreuzreaktivität von CaN/NFAT-Inhibitoren auf die Aktivierung von NF-κB p65, und AP-1 überprüft werden konnte. Es wurden die Inhibitoren CsA, AM404, BTP1, NCI3 und INCA6 gewählt, da sie bereits sowohl in der Klinik (CsA, AM404) [65, 78], als auch für die immunologische Forschung (BTP1, NCI3, INCA6) [80-82] eingesetzt worden sind.

Folgende experimentelle Bedingungen wurden für das Testsystem gewählt:

1. Verwendung isolierter primärer humaner CD4⁺ Th-Zellen
2. Untersuchung von mind. vier Konzentrationen des Inhibitors (≥ publizierter NFAT IC_{50})
3. Stimulation der Zellen für 15 min mit PMA/Iono
4. Anwendung des „Fuorescent Cell Barcoding" mit Pacific Blue und Pacific Orange

Diskussion

5. Messung der Phosphorylierung von p65 (Ser529); p38 (pThr180/pTyr182); pERK1/2 (pThr202/pTyr204)
6. Durchflusszytometrische-Analyse der Phosphosignale

Der Vorteil einer Messung des Phosphorylierungsstatus von Signalproteinen besteht darin, dass die Wirkung eines Inhibitors während der initialen Aktivierungsphase der Zellen beurteilt werden kann. Während dieser wichtigen Phase werden bereits die Weichen für die zelluläre Antwort auf äußere Reize gestellt. Durch Etablierung der „Fluorescent Cell Barcoding"-Technik war es möglich, die initialen Phosphorylierungsmuster von p65, p38 und ERK1/2 von bis zu zwölf Proben gleichzeitig in einem Messansatz zu analysieren.

Die in dieser Arbeit analysierten Inhibitoren können im Bezug auf ihre Kreuzreaktivität in spezifische und unspezifische Inhibitoren eingestuft werden (Tab 5.1). Die Beurteilung der Kreuzreaktivität eines Inhibitors erfolgte unter Berücksichtigung der jeweiligen, in der Literatur beschriebenen, IC_{50} für NFATc2. Wurde die Phosphorylierung von p65, p38 oder ERK1/2 bei dieser Konzentration um mehr als 10 % inhibiert, ist der Inhibitor als unspezifisch eingestuft worden (Tab 5.1).

Tab. 5.1 Übersicht der inhibitorischen Wirkung von NFAT Signalwegsinhibitoren (bei entsprechender NFAT IC_{50}) auf die Phosphorylierung von p65, p38 und ERK1/2 nach durchflusszytometrischer Analyse. Grün unterlegt=spezifisch für den entsprechenden Signalweg bei NFAT IC_{50}; gelb unterlegt=unspezifisch für den entsprechenden Signalweg bei NFAT IC_{50}

Inhibitor	NFAT IC_{50}	% Inhibierung bezogen auf NFAT IC_{50}		
		p-p65	p-p38	p-ERK1/2
AM404	10 µM	4	0	4
BTP1	6 nM	0	0	3
CsA	4 nM	30	30	0
INCA6	0,8 µM	30	26	30
NCI3	2 µM	0	7	0

Diskussion

Wie bereits erwähnt, wurde ausschließlich mit primären humanen CD4$^+$ Th-Zellen gearbeitet, welche zuvor aus dem Blut anonymer Spender isoliert wurden. Es bestand daher keine Kenntnis über Geschlecht, Alter oder gesundheitlichen Zustand der Spender. Unterschiede in der individuellen Aktivierbarkeit von Th-Zellen könnte die Ursache für die zum Teil erheblichen Standardabweichungen der Messwerte sein.

Die Spezifität und die Anwendbarkeit der untersuchten Inhibitoren für klinische Applikationen bzw. Forschungszwecke wird im Folgenden diskutiert.

AM404

Die hier durchgeführten Analysen in primären humanen Zellen ergänzen die Untersuchungen von Caballero *et al.* 2007, welche für ihre Versuche nur 10 µM AM404 NFAT IC$_{50}$) und Jurkat-Zellen benutzten [78]. Bei Konzentrationen oberhalb 10 µM wurden die p65-Phosphorylierung (4 %-33 %) bzw. ERK1/2-Phosphorylierung (8 %-32 %) gering bis mittelmäßig inhibiert, jedoch variierten die Ergebnisse sehr stark spenderabhängig.

Weiterführende Untersuchungen der Phosphorylierung von p65 in der Arbeitsgruppe zeigten jedoch, dass Konzentrationen oberhalb 15 µM AM404 die Phosphorylierung von p65 Ser276 stark beeinflussen (Diplomarbeit Katherine Sturm, AG Baumgraß, DRFZ Berlin). Die stimulationsinduzierte Phosphorylierung von Ser276 ist Voraussetzung für die Bindung der Acetyltransferase CBP/p300 an p65, welche die Acetylierung von p65, und damit die DNA-Bindung ermöglicht [109]. Die heterogene Wirkung von AM404 auf verschiedene Phosphorylierungstellen bzw. die Acetylierung von p65 ermöglicht daher einen Einblick in die komplexe Regulierung der NF-κB Aktivierung in Th-Zellen. AM404 könnte daher auch als Inhibitor eingesetzt werden, mit dem man zwischen verschiedenen Phosphorylierungszuständen von p65 unterscheiden kann.

Diskussion

Da AM404 bei entsprechender NFAT IC$_{50}$ (10 µM) nur eine sehr geringe, und zudem stark spenderabhängige, Kreuzreaktivität gegenüber p65 zeigte, kann der Inhibitor als NFAT spezifisch eingestuft werden (vgl. Tab. 5.1).

BTP1

Die bereits in der Literatur beschriebene NFAT-Spezifität von BTP1 [80] konnte durch die vorliegenden Analysen in primären humanen CD4$^+$ Th-Zellen bestätigt werden. Eine geringfügige Inhibierung der Phosphorylierung von p65, p38 und ERK1/2 durch BTP1 wurde nur bei Konzentrationen oberhalb der in der Literatur beschriebenen NFAT IC$_{50}$ (6 nM) sichtbar. Die Inhibierung erfolgte erst bei BTP1 Konzentrationen ab 50 nM und war zudem stark spenderabhängig. Der genaue Wirkmechanismus von BTP1 ist allerdings noch nicht geklärt, und die Substanz noch nicht *in vivo* untersucht worden. Demnach können weitere inhibitorische Effekte nicht ausgeschlossen werden.

BTP1 ist der Inhibitor mit der höchsten NFAT-Spezifität aller in dieser Arbeit untersuchten Inhibitoren.

NCI3

Die Inhibitorische Wirkung von NCI3 auf NF-κB und AP-1 war bei der IC$_{50}$ für NFAT (2 µM) vernachlässigbar gering (p65, p38) bzw. gar nicht messbar (ERK1/2). NCI3 wirkte erst bei Konzentrationen ab 10 µM inhibierend auf NF-κB, und ab 20 µM inhibierend auf p38 (Abb. 4.5). Dieser inhibitorische Effekt geht jedoch nicht auf toxische Effekte zurück, da 30 µM NCI3 keine Auswirkung auf das Überleben von primären humanen CD4$^+$ T- Zellen hatte [81]. Überraschenderweise ist die Aktivierung von NF-κB in den hier analysierten primären humanen Zellen aber weitaus unempfindlicher gegenüber NCI3, als in den publizierten Reportergenanalysen mit Jurkat-Zellen, bei denen eine IC$_{50}$ von 7 µM für NF-κB ermittelt wurde [81].

Der Wirkmechanismus von NCI3 ist bislang noch nicht eindeutig geklärt worden. Es wurde gezeigt, dass NCI3 nicht die CaN-Phosphataseaktivität

Diskussion

beeinträchtigt, sondern vielmehr die Interaktion von CaN mit seinem Substrat NFAT [81]. Es ist daher möglich, dass auch andere, bisher nicht identifizierte CaN-Substrate durch NCI3 an der Bindung zu CaN gehindert werden. Die in dieser Arbeit identifizierten CaN-Interaktionspartner Bcl-10 und MALT1 enthalten beispielsweise ebenfalls ein PxIxIT-Motiv (Abb. 5.1). Die beobachtete Inhibierung von NF-κB durch NCI3 (Abb. 4.5 und 4.12) könnte also durch Blockierung der CaN/Bcl-10/MALT1-Assoziation ausgelöst worden sein.

Obwohl der Inhibitor bei 2 µM (NFAT IC_{50}) NFAT-spezifisch ist, kommt er für eine klinische Anwendung nicht in Frage, da er in Zellkultur erst in micromolaren Konzentrationen wirksam ist. Jedoch kann er durchaus für die spezifische Inhibierung von NFAT bei Signalwegsanalysen eingesetzt werden. Zudem könnte NCI3 aufgrund seines neuartigen molekularen Wirkmechanismus als Leitsubstanz zur Synthese weiterer Inhibitoren dienen.

INCA6

Der Einfluss von INCA6 auf NF-κB p65 und p38 war bisher nicht bekannt und ist im Rahmen dieser Arbeit erstmals analysiert worden. INCA6 zeigte die geringste NFAT-Spezifität aller untersuchten Inhibitoren und wirkte zudem bei Inkubationszeiten ab 30 min toxisch (Patrick Hogan, The CBR Institute for Biomedical Research, persönliche Kommunikation). Die Phosphorylierungen von p65, p38 und ERK1/2 wurden schon bei der geringsten eingesetzten Konzentration von 1 µM um mind. 25 % inhibiert (NFAT IC_{50} = 0,8 µM). Dieses Ergebnis für ERK1/2 steht allerdings im Gegensatz zu bereits publizierten Daten von Roehrl *et al.*. Sie analysierten zwar auch die ERK1/2-Phosphorylierung an pThr202/pTyr204, jedoch beobachteten sie keine Inhibierung der Phosphorylierung im Konzentrationsbereich von 5-40 µM [82]. Möglicherweise ist diese Diskrepanz mit der Verwendung von unterschiedlichen Zellen zu erklären. Für die hier durchgeführten Analysen wurden primäre humane $CD4^+$ Th-Zellen benutzt, während Roehrl *et al.*Cl.7W2 T-Zellen

Diskussion

verwendeten [82]. Diese murine Zelllinie enthält das Onkogen *v-fos*, dass Strukturell murinem *c-fos* ähnelt. Cl.7W2- Zellen sind tumorigen und proliferieren zudem unabhängig von IL-2 [110]. Wahrscheinlich ist ERK1/2 in dieser artifiziellen Zelllinie robuster gegenüber der Inhibierung durch INCA6 im Vergleich zu den hier verwendeten primären humanen Th-Zellen.

INCA6 gehört zur Gruppe der Chinone, die bekannt dafür sind, dass sie reaktive Sauerstoffspezies erzeugen [82]Supporting Materials and Methods Comment 1)). Für CaN wurde bereits gezeigt, dass es durch oxidativen Stress (H_2O_2) inaktiviert wird [111]. Womöglich ist die Kreuzreaktivität auch darauf zurückzuführen, das INCA6 reaktive Sauerstoffspezies erzeugt, die zur Oxidation von Kinasen oder Phosphatasen führen [112] wodurch diese inaktiviert werden.

Wegen der starken Toxizität ist INCA6 für klinische Anwendungen ungeeignet [82-83] und ist aufgrund seiner starken Kreuzreaktivität auch nicht für Signalwegsanalysen zu empfehlen.

CsA

Von den in dieser Arbeit untersuchten Inhibitoren ist Cyclosporin A die einzige Substanz, welche routinemäßig in der Klinik eingesetzt wird [85-86]. Der Wirkmechanismus von CsA ist zwar schon größtenteils aufgeklärt [65], jedoch sind die Konsequenzen einer CsA-Applikation auf andere Signalwege immer noch nicht vollständig untersucht. In der Literatur gibt es mehrere Hinweise dafür, dass CsA die Aktivität von NF-κB beeinflusst [76, 91-92, 97].

Ergänzend zu den bereits publizierten Daten konnte gezeigt werden, dass CsA die Phosphorylierung von NF-κB p65 Ser536 und Ser529 in primären humanen $CD4^+$ Th-Zellen schon unterhalb der NFAT IC_{50} (4 nM) inhibiert. Ab einer Konzentration von 2 nM war die Phosphorylierung beider Serinreste bereits zu 25 % bzw. 28 % gehemmt. Die Phosphorylierung dieser Serinreste ist für die transkriptionelle Aktivität von p65 entscheidend [99].

Diskussion

Zwar sind für p65 noch weitere stimulationsinduzierte Phosphorylierungsstellen beschrieben (S205, S276, S281, S311, S468, S529, T254, T435,T505), jedoch ist deren Phosphorylierung nicht entscheidend für die Verstärkung der transkriptionellen Aktivität bzw. wird sie nicht über TZR-Stimulation vermittelt [113]. Ob CsA die Phosphorylierung dieser Aminosäurereste beeinträchtigt, ist bislang nicht untersucht.

Der hier ermittelte inhibitorische Einfluss von CsA auf die Phosphorylierung von p38 wurde bereits in murinen Th2-Zellen beobachtet [77]. Basierend auf dieser Beobachtung konnte mit weiterführenden Untersuchungen festgestellt werden, dass p38 zusammen mit NFAT für die Induktion der IL-4-Produktion verantwortlich ist [77].

Diese Analysen sind ein gutes Beispiel dafür, dass man anhand kreuzreaktiver Wirkungen von Inhibitoren Rückschlüsse auf Vernetzungen von Signalwegen ziehen kann.

Da die ERK1/2-Phosphorylierung nicht beeinflusst wurde, könnte CsA zudem für die Betrachtung der c-fos-Aktivierung eingesetzt werden. Dadurch bekäme man zum Beispiel Hinweise über die Beteiligung von c-fos an der Produktion von Zytokinen unter bestimmten Stimulationsbedingungen oder bei gestörten Immunfunktionen.

Trotz vieler Nebenwirkungen (siehe Absatz 1.6.2, *CsA.*) wird CsA weiterhin in der Transplantationsmedizin eingesetzt. Möglicherweise sind diese Nebenwirkungen auf die kreuzreaktive Wirkung von CsA auf NF-κB und p38 zurückzuführen.

Wegen seiner geringen Zytotoxizität ist CsA aber für die Analyse von Signalwegen in primären Zellen geeignet.

Im Rahmen dieser Arbeit sind erstmals mehrere, bereits publizierte, NFAT Inhibitoren hinsichtlich ihrer Kreuzreaktivität auf die TZR-induzierten NF-κB und AP-1 Signalwege in primären humanen $CD4^+$-Zellen untersucht worden.

Diskussion

Beim Vergleich mit Literaturdaten konnte festgestellt werden, dass die Kreuzreaktivität von Inhibitoren auf andere Signalwege oft nicht ausreichend beschrieben wird. Am Beispiel von INCA6 wird zudem deutlich, dass die in der Literatur beschriebenen Inhibitorkonzentrationen nicht auf primäre humane Zellen anwendbar sind.

Abschließend kann daher festgehalten werden:

1. Ein einheitliches Testsystem ist notwendig, um einen Überblick über den Einfluss verschiedener Inhibitoren auf ein und dasselbe Zellsystem zu bekommen.
2. Unspezifische Inhibitoren sind zwar einerseits problematisch bei der klinischen Anwendung, jedoch kann man sie durchaus für die Analyse unbekannter Signalwegsstrukturen einsetzten, sofern die Nebenwirkungen nicht die Zellvitalität beeinträchtigen.

5.2 CaN spielt eine entscheidende Rolle bei der Aktivierung von NF-κB

Anhand der in dieser Arbeit durchgeführten Untersuchungen von CaN/NFAT-Inhibitoren konnte bestätigt werden, dass CaN ein wichtiger Mediator bei der Aktivierung von NF-κB ist. In der Literatur wurde bisher jedoch nur der Einfluss einer CaN-Inhibierung durch CsA auf Faktoren wie IL-2 Rezeptor α Expression, IL-2 Produktion, Abbau von IκBα und IκBβ, Translokation von p50 und c-Rel oder Aktivität des 20S Proteasoms betrachtet [76, 91-92]. Die zugrundeliegenden molekularen Mechanismen einer CaN vermittelten NF-κB-Aktivierung wurden bisher jedoch nicht aufgeklärt.

Um diesen Mechanismen auf den Grund zu gehen, wurde im Rahmen dieser Arbeit eine detaillierte Analyse der initialen TZR-gesteuerten NF-κB-Aktivierungsprozesse (2-120 min) in An-bzw. Abwesenheit von CsA durchgeführt. Die in primären humanen CD4$^+$-Th-Zellen untersuchten

Diskussion

Signalprozesse und deren Beeinflussung durch CsA sind tabellarisch dargestellt (Tab. 5.2).

Diese Ergebnisse zeigten, dass alle kanonischen NF-κB-Aktivierungsprozesse unterhalb des CARMA1/Bcl-10/MALT1-Signalkomplexes durch CsA inhibiert werden.

Tab. 5.2 Übersicht über die hier angewandten Analysemthoden zur Untersuchung von NF-κB-Aktivierungsprozessen und entsprechenden CsA-Effekt. ↓=durch CsA inhibiert, ↑=durch CsA verstärkt, ±0=nicht durch CsA beeinflusst, Ko-IP=Ko-Immunopräzipitation

NF-κB-Aktivierungsprozess	Analysemethode	CsA-Effekt
p65 DNA-Bindung	EMSA	↓
p65-Kerntranslokation	Western Blot	↓
p65-Phosphorylierung/Expression	Western Blot, FACS	↓
IκBα-Phosphorylierung/Degradierung	Western Blot	↓
IKKα/β-Phosphorylierung	Western Blot	↓
Bcl-10-Phosphorylierung	Western Blot	↑
Bcl-10/MALT1-Assoziation	Ko-IP, Western Blot	±0
TAK1-Phosphorylierung	Western Blot	±0
PKCθ-Phosphorylierung	Western Blot	±0

Einzig die Phosphorylierung von Bcl-10 war durch CsA-Einwirkung verlängert und verstärkt. In unbehandelten (nicht mit CsA inkubierten) Zellen konnte zunächst eine transiente Bcl-10-Phosphorylierung beobachtet werden, welche auch schon von Lobry *et al.* und Wegener *et al.* gezeigt wurde [45, 108]. Die transiente Phosphorylierung von Bcl-10 in Zellen ohne CsA-Behandlung wurde durch CsA in eine persistierende Phosphorylierung überführt, die über den gesamten Stimulationszeitraum (2 min bis 120 min) bestehen blieb. Da alle NF-κB Signalprozesse unterhalb der Bcl-10-Phosphorylierung durch eine persistierende Bcl-10-Phosphorylierung stark beeinträchtigt waren, wurde angenommen, dass die Dephosphorylierung von Bcl-10 für eine vollständige NF-κB-Aktivierung nötig ist. Diese Annahme konnte durch Messungen der Bcl-10-und p65-Phosphorylierungskinetik bestätigt werden (Abb. 4.13).

In unbehandelten Zellen liegt p65 erst dann maximal phosphoryliert vor (nach 30 min), nachdem die Bcl-10 Phosphorylierung abgeklungen ist. Das schnelle

Diskussion

Abklingen der Bcl-10-Phosphorylierung (innerhalb von 15 min) ließ daher vermuten, dass phospho-Bcl10 ein Substrat einer Phosphatase ist.

Es ist hier gezeigt worden, dass die CaN/NFAT-Inhibitoren CsA und NCI3 eine persistierende Bcl-10-Phosphorylierung auslösen. Daher wurde angenommen, dass die Ser/Thr Phosphatase CaN direkt oder indirekt mit Bcl-10 assoziiert, und dass CaN Bcl-10 dephosphoryliert, wodurch die vollständige Aktivierung von NF-κB ermöglicht wird

Mit Hilfe von Ko-Immunopräzipitationsstudien konnte in der vorliegenden Arbeit schließlich erstmals eine physische Assoziation von CaN mit Bcl-10 und MALT1 nachgewiesen werden. Diese Interaktion war überraschenderweise unabhängig von der Zellstimulation und wurde auch nicht durch CsA beeinträchtigt. Die vollständige Dephosphorylierung von phospho-Bcl-10 Ser138 durch CaN in einer *in vitro*-Phosphatasereaktion verdeutlichte weiterhin, dass phospho-Bcl-10 ein physiologisches Substrat von CaN darstellt.

Anhand der durchgeführten Analysen konnten schließlich fünf experimentelle Beweise erbracht werden, die belegen, dass die Dephosphorylierung von Bcl-10 durch CaN entscheidend für die Aktivierung von NF-κB ist.

1. Die Wirkung von CsA konnte auf Bcl-10 eingegrenzt werden. CsA verlängerte die Phosphorylierung von Bcl-10, bzw. inhibierte dessen Dephosphorylierung nach TZR-Stimulation. Die durch CsA verursachte andauernde Phosphorylierung von Bcl-10 inhibierte nachfolgende posttranslationale Modifikationen der Signalproteine IKKβ, IκBα, und p65 und Signalprozesse wie p65 Kerntranslokation und die p65 DNA Bindung, jedoch nicht die übergeordnete Aktivierung von PKCθ oder TAK1.

2. Die verlängerte Phosphorylierung von Bcl-10 ist auf die Inhibierung der Ser/Thr Phosphatase CaN zurückzuführen. Es ist bekannt, dass CsA im Komplex mit Cyclophilin A, spezifisch CaN inhibiert [65, 114]. Jedoch

Diskussion

beruht die Inhibierung der Bcl-10 Dephosphorylierung nicht auf einer Inhibierung von Cyclophilin, da der direkte (Cyclophilin unabhängige) CaN-Inhibitor NCI3 ebenfalls die Phosphorylierung von Bcl-10 verlängerte (Abb. 4.12)

3. CsA verursacht eine verlängerte Phosphorylierung von Bcl-10 Ser138. Eine Phosphorylierung von Bcl-10-Ser138 wirkt wiederum inhibierend auf NF-κB [46, 106].
4. Es besteht eine physische Interaktion zwischen dem Bcl-10/MALT1 Komplex und CaN.
5. CaN dephosphoryliert phospho-Bcl-10 Ser138 *in vitro*.

5.2.1 Die Bedeutung der CaN-Bcl-10-Interaktion für die NF-κB Aktivierung

Die hier präsentierten experimentellen Daten legen nahe, dass die NF-κB-Aktivierung über die Assoziation von CaN/Bcl-10/MALT1 erfolgt, und das CaN nicht mit übergeordneten Signalprozessen interferiert. Die Tatsachen, die für eine solche Vermutung sprechen, werden im Folgenden diskutiert.

Eine Interaktion von CaN und PKCθ wäre nicht wichtig für die NF-κB-Aktivierung

PKCθ liegt in ruhenden Zellen im Cytosol vor, wird aber im Zuge der TZR Stimulation mit anderen Proteinen zur Immunologischen Synapse an die Zellmembran rekrutiert. Dort erfolgt die Phosphorylierung durch PDK1 an Thr538. Diese Phosphorylierungsstelle ist essentiell für die Aktivierung, da gezeigt werden konnte, dass eine Thr538-Ala Mutation die katalytischen Aktivität von PKCθ um mehr als das hundertfache reduziert [115].

Die Phosphorylierung von Thr538 ist nur transient. Sie erreicht nach 5 min ihr Maximum und ist bereits nach 10 min wieder abgeklungen (Abb. 4.13A). Der schnelle Rückgang der Phosphorylierung könnte auf Phosphataseaktivität hindeuten. Werlen *et al.* beschreiben eine Interaktion von PKCθ und CaN im

Diskussion

Zusammenhang mit der Aktivierung von JNK in Jurkat Zellen [116]. Es wurde aber hier gezeigt, dass eine Inhibierung von CaN die Phosphorylierung von PKCθ nicht beeinflusst. Daher ist es zwar theoretisch möglich, dass es zu einer Interaktion von CaN und PKCθ während der T Zell Aktivierung kommt, diese aber nicht ausschlaggebend für die Aktivierung von NF-κB ist.

Keine Interaktion von CaN und CARMA1

CARMA1 wird von PKCθ in der sog. linker Region an Ser552 und Ser645 phosphoryliert und dadurch aktiviert [20]. Aus Mangel an geeigneten (phosphospezifischen) Antikörpern konnte der inhibitorische Einfluss von CsA auf CARMA1 nicht umfassend bestimmt werden.

Aufgrund der strukturellen Eigenschaften von CARMA1 ist es jedoch nicht wahrscheinlich, dass es zu einer Beeinflussung von CARMA1 durch CsA kommt. CARMA1 besitzt ein CARD Motiv, mit dem es die untergeordneten Signalproteine Bcl-10 und MALT1 rekrutiert. In ruhenden Zellen ist das CARD-Motiv bedingt durch die Tertiärstruktur von CARMA1 zunächst verdeckt. Die Phosphorylierung von CARMA1 durch PKCθ verursacht vermutlich eine elektrostatische Abstoßung die zur Entfaltung der Linker Region führt und das CARD Motiv für die Rekrutierung von Bcl-10 freigibt [44]. Das bedeutet, dass sich eine Phosphorylierung von CARMA1 positiv auf dessen Aktivität auswirkt, da sie die Auffaltung von CARMA1 ermöglicht. Wäre CARMA1 ein Substrat von CaN, so würde eine Inhibierung der Phosphatase CaN (z. B. durch CsA) die Aktivität von CARMA1 und damit auch die NF-κB Aktivität eher begünstigen als hemmen.

Jedoch wird auch über inaktivierende Phosphorylierungen für CARMA1 spekuliert [117-118]. Es wurde festgestellt, dass bei Phosphorylierung der CARMA1 Reste Thr 110, Ser 608 und Ser 637 die NF-κB Aktivität zurückgeht. Die *in vivo* Relevanz dieser Posphorylierungsstellen ist allerdings noch nicht ausreichend belegt [44].

Diskussion

Zudem konnte eine CaN/CARMA1 Interaktion in den hier durchgeführten Ko-Immunpräzipitationsstudien nicht nachgewiesen werden.

Aus den vorgenannten Gründen kann daher ausgeschlossen werden, dass eine Blockierung von NF-κB durch CsA auf eine gestörte Dephosphorylierung von CARMA1 zurückgeht.

Zudem gibt es noch weitere Belege dafür, dass eine Interaktion von CaN mit dem CBM-Komplex die entscheidende regulatorische Komponente für die NF-κB-Aktivierung ist:

1. Die Aktivierung von PKCθ und TAK1 wurden nicht durch CsA inhibiert (Abb. 4.13A,B). TAK1 ist ebenfalls ein Substrat der PKCθ und phosphoryliert IKKα/IKKβ nach Oligomerisierung von Bcl-10 und MALT1 [23], aber auch unabhängig vom CBM-Komplex [22]. Die hier beobachtete Inhibierung des IKK-Komplexes durch CsA ist demnach nicht auf eine reduzierte TAK1-Aktivität zurückzuführen.

2. In CARMA1-defizienten Jurkat-Zellen (JPM50.6) erfolgte keine Aktivierung von NF-κB und keine Rekrutierung von IKKβ an die immunologische Synapse [38]. Daher scheint die Assoziation des CBM-Komplexes eine Voraussetzung für die IKKβ-Aktivität zu sein.

3. Die Aktivierung von NF-κB über den CBM-Komplex kann durch dominant negative IKKα/β/γ-Konstrukte blockiert werden [119]. Dies deutet daraufhin, dass die Aktivierung des IKK-Komplexes von der Signalübertragung über CARMA1/Bcl-10/MALT1 abhängt.

4. Es wurde beschrieben, dass die Aktivierung von NF-κB durch TNFα unabhängig vom CBM-Komplex vermittelt wird [52, 120]. Dies konnte durch eigene Voruntersuchungen bestätigt werden die zeigten, dass die Dephosphorylierung von Bcl-10 nach TNFα-Stimulation nicht durch CsA blockiert wird.

5. Alternative IKKβ-Aktivierungsmechanismen sind bisher nicht bekannt.

Diskussion

Zusammenfassend kann festgehalten werden, dass die Inhibierung der NF-κB Signalübertragung durch CsA ausschließlich durch eine beeinträchtigte CBM-Komplex vermittelte Signalübertragung verursacht wird.

Funktion einer CaN-MALT1-Interaktion

Außer Bcl-10 wurde MALT1 als CaN-assoziierendes Protein identifiziert (Abb. 4.15B). MALT1 wird im Zuge der T-Zellaktivierung aber nicht phosphoryliert, und kommt daher als Substrat von CaN nicht in Frage. Welche regulatorische Wirkung könnte eine Interaktion von CaN und MALT1 bezüglich der NF-κB-Aktivierung haben? Ein Hinweis darauf ergab sich aus *in silico* Analysen der Proteinsequenzen von Bcl-10 und MALT1. Es wurden Sequenzen in der jeweiligen Interaktionsdomäne von Bcl-10 (CARD) bzw. MALT1 (Death Domain) identifiziert, die der Interaktionssequenz von NFAT und CaN, der sog. PIxIxIT Sequenz [71], sehr ähneln (Abb. 5.1).

Die Sequenz von MALT1 (PGIKIT) weist im Gegensatz zu Bcl-10 (LIQIT) eine höhere Homologie zu der PIxIxIT Konsensussequenz auf und enthält zudem an zweiter Stelle eine unpolare Aminosäure (Glycin), die an dieser Position eine höhere Affinität bewirkt (Patrick Hogan persönliche Kommunikation, [121]. Die Interaktion von CaN/MALT1 könnte schließlich dazu dienen, CaN und Bcl-10 in räumliche Nähe zu bringen damit Bcl-10 dephosphoryliert, und NF-κB aktiviert werden kann.

Diskussion

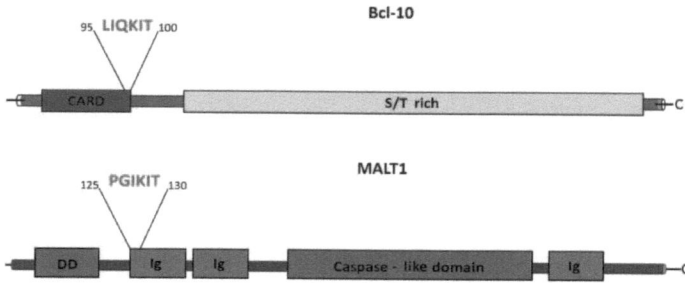

Abb. 5.1. Schematische Darstellung der Interaktionsdomänen von Bcl-10 und MALT1 und putativen PxIxIT-Motiven. PxIxIT Motive (rot) wurden mittels *in silico*-Analyse humaner Sequenzen des Adapterproteins Bcl-10 und des Gerüstproteins MALT1 identifiziert. Sie befinden sich in der N-terminalen CARD-Interaktionsdomäne von Bcl-10 bzw. in der N-terminalen Death Domain von MALT1.

5.2.2 Funktion der Phosphorylierung/Dephosphorylierung von Bcl-10 für die NF-κB-Aktivierung

Bcl-10 ist als Substrat der Kinasen IKKβ [45], CaMK II [46], p38 [47] und RIP2 [48] bekannt, allerdings konnte bislang nicht eindeutig geklärt werden, ob die Bcl-10-Phosphorylierung eine aktivierende oder inhibierende Wirkung auf NF-κB hat.

Ruefli-Brasse et al. zeigten, dass die Phosphorylierung von Bcl-10 durch die Ser/Thr-Kinase RIP-2 (receptor-interacting protein 2) entscheidend für die NF-κB Aktivierung ist, da in RIP-2 defizienten Mäuse keine Bcl-10 Phosphorylierung und NF-κB Aktivierung stattfand [48]. Diese Beobachtungen konnten allerdings in einer direkten *in vitro* Kinasereaktion nicht bestätigt werden [45].

Wegener et al. schreiben der Bcl-10 Phosphorylierung eine duale Funktion in Abhängigkeit von der Stimulationszeit zu. Sie gehen davon aus, dass die initiale Phosphorylierung von Bcl-10 zunächst unterstützend auf die Interaktion und Stabilität des CARMA1/Bcl-10/MALT1-Komplexes wirkt, es jedoch im weiteren Verlauf der Stimulation zu einer „Hyperphosphorylierung" von Bcl-10

Diskussion

kommt, welche die Assoziation von Bcl-10 und MALT1 verhindert und damit die NF-κB Aktivität beeinträchtigt [108].

Die hier durchgeführten Immunopräzipitationsexperimente zeigen jedoch, dass die Bcl-1/MALT1-Interaktion nicht durch Bcl-10-Phosphorylierung beeinträchtigt wird (Abb. 4.14).

Ursache für diese Diskrepanz sind womöglich unterschiedliche experimentelle Ansätze:

1. **Zellen:** Für die hier durchgeführten Immunopräzipitationsstudien wurde primäre humane $CD4^+$- Th Zellen benutzt, während Wegener *et al.* COS7 Zellen benutzten.
2. **Proteinmengen:** Es wurden hier lediglich natürlich vorkommende Bcl-10 und MALT1 Mengen aus primären $CD4^+$ T Zellen präzipitiert. Auf Überexpression von Bcl-10 und MALT1 wurde verzichtet, um die native Stöchiometrie der Proteine zu erhalten, und dadurch den natürlichen Ablauf der Signalprozesse nicht zu beeinflussen.
3. **Protein-Tag:** Die Immunopräzipitation von Bcl-10 und MALT1 aus den Lysaten primärer Zellen ermöglichte die Präzipitation der Proteine in ihrer nativen Konformation. Wegener *et al.* benutzten dagegen überexprimiertes Bcl-10-Myc. Ein Protein-Tag könnte aber unter Umständen die Tertiärstruktur eines Proteins und damit die Proteinassoziation beeinträchtigen.

Auf *in vitro* Phosphorylierung von Bcl-10 durch rekombinante Kinasen (z. B. IKKβ, [108]) wurde ebenfalls verzichtet, um das physiologische Phosphorylierungsmuster von Bcl-10 zu erhalten.

Ein inhibitorischer Einfluss einer Bcl-10-Phosphorylierung wurde anhand von Mutationsstudien in der C-terminalen Phosphoakzeptorregion deutlich. Mutationen des gesamten C-Terminus sowie Mutationen einzelner Serine

Diskussion

(Ser/Ala: 134, 136, 138, 141, 144) verursachten eine starke NF-κB-Aktivierung und führten zu einer verstärkten Produktion von TNFα und IL-2 [42, 108].

Analysen von Ishiguro *et al.* und Zeng *et al.* belegen ebenfalls den inhibitorischen Einfluss einer Bcl-10-Phosphorylierung. Die Mutation von Ser138 zu Alanin verursachte in ihren Analysen eine anhaltende NF-κB-Aktivität und IL-2 Produktion [46, 106].

Die hier durchgeführten Phosphorylierungsanalysen von Ser138 zeigten, dass eine starke und anhaltende Bcl-10-Phosphorylierung nach CsA Behandlung mit einer nahezu kompletten NF-κB Inhibierung einherging (Abb. 4.10; Abb. 4.13 A).

Diese Beobachtungen unterstreichen, dass sich C-terminale Bcl-10 Phosphorylierungen negativ auf die NF-κB Aktivierung auswirken und das die kanonische NF-κB-Aktivierung über die Bcl-10-Phosphorylierung reguliert wird.

Die mechanistischen Hintergründe einer NF-κB-Inhibierung durch phospho-Bcl-10 sind jedoch immer noch unklar. Daher kann über Ursache des inhibitorischen Einflusses von Bcl10-Phosphorylierungen auf die NF-κB-Aktivierung nur spekuliert werden.

Es ist bekannt, dass die vollständige Aktivierung des trimeren IKK-Komplexes erst durch Oligomerisierung von Bcl-10 und MALT1 und anschließender Ubiquitinierung von TRAF6 durch MALT1 ermöglicht wird [21, 23, 119]. Durch sterische Beeinträchtigung aufgrund von Bcl-10-Phosphorylierungen könnte der Bcl-10/MALT1-Oligomerisierungsprozess reprimiert, und die Ubiquitinierung von TRAF6 beeinträchtigt werden. Folglich kann IKKγ (NEMO) und damit der IKK-Komplex nicht aktiviert werden und NF-κB bleibt inaktiv.

Dennoch bleibt die Frage nach der Funktion der initialen transienten Phosphorylierung von Bcl-10. Möglicherweise ist sie auf ein Ungleichgewicht

Diskussion

zwischen Kinase-und Phosphataseaktivität zurückzuführen. Es ist vorstellbar, dass die Bcl-10-Kinasen während der initialen Aktivierungsphase (0 min bis 5 min) die Phosphataseaktivität von CaN gegenüber Bcl-10 zunächst überlagern (vgl. Abb. 4.13). Nach Rückgang der Kinaseaktivität im weiteren Verlauf der Stimulation überwiegt dann die Phosphataseaktivität von CaN wodurch es zur Dephosphorylierung von Bcl-10 und damit zur Aktivierung von NF-κB kommt.

5.2.3 Rekonstruktion der CaN-vermittelten kanonischen NF-κB-Aktivierung in Th-Zellen

Basierend auf eigenen Ergebnissen und Literaturdaten wurde ein Aktivierungsschema entworfen, bei dem drei Zustände einer Zelle angenommen werden:

1. Ruhezustand; 2. Frühe Aktivierung; 3. Aktivierung.

Anhand dieser Zustände lässt sich der folgende sequentielle Ablauf der NF-κB Aktivierung rekonstruieren (Abb. 5.2):

1. **Ruhezustand:** CaN, Bcl-10 und MALT1 liegen assoziiert im Zytosol vor, während CARMA1 konstitutiv mit der Zellmembran assoziiert ist. NF-κB befindet sich in inaktiviertem Zustand im Zytosol.

2. **Frühe Aktivierung und Formierung der Signalkomplexe:** CaN wird durch Ca^{2+}/Calmodulin (CaM) aktiviert. PKCθ phosphoryliert CARMA1 und TAK1. CARMA1 rekrutiert CaN/Bcl-10/MAL1 an die immunologische Synapse wobei Bcl-10 phosphoryliert wird. TAK1 phosphoryliert IKKα/β.

3. **Aktivierung:** CaN dephosphoryliert Bcl-10. Die Assoziation (und Oligomerisierung) von Carma1/Bcl-10/MALT1 bewirkt die Ubiquitinierung von MALT1 durch TRAF6 und wiederum die Ubiquitinierung von IKKγ. Mit Unterstützung von TAK1 wird der IKK-Komplex vollständig aktiviert. Der Abbau von IκBα und die

Diskussion

Phosphorylierung durch IKKβ bewirken schließlich die NF-κB Aktivierung.

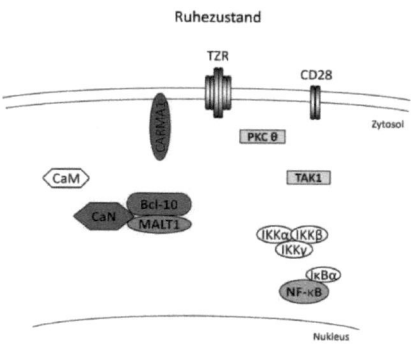

Diskussion

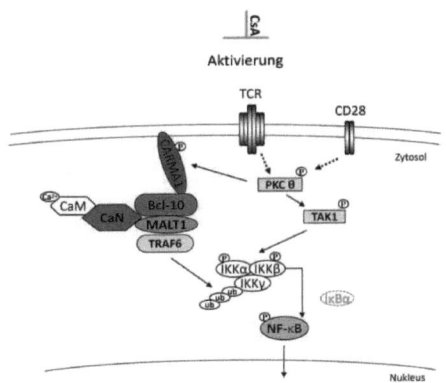

Abb. 5.2 Schematisches Modell einer kanonischen NF-κB-Aktivierung. (**Oben**) *Ruhezustand*: CaN/Bcl10/MALT1 liegen in inaktivem Zustand konstitutiv assoziiert im Zytosol vor. CARMA1 ist im inaktiven Zustand in der Membran verankert. (**Mitte**) *Frühe Aktivierung:* CaN wird durch Ca^{2+}/CaM aktiviert bleibt aber immer noch mit Bcl-10/MALT1 assoziiert. PKCθ phosphoryliert TAK1 und CARMA1. CARMA1 rekrutiert CaN/Bcl-10/MALT1 wobei Bcl-10 phosphoryliert wird. TAK1 phosphoryliert IKKα/β. (**Unten**) *Aktivierung*: CaN dephosphoryliert Bcl-10. Durch die Assoziation von CARMA1/CaN/Bcl-10/MALT1 wird TRAF6 aktiviert wodurch wiederum IKKγ ubiquitiniert wird. Durch diesen Prozess wird der gesamten IKK-Komplexes aktiv was zur schließlich zur Aktivierung von NF-κB führt.

5.3 Schlussfolgerung

In der vorliegenden Arbeit wurde Bcl-10 als neuer Interaktionspartner der Ser/Thr Phosphatase CaN identifiziert. Dafür sprechen mehrere experimentelle Tatsachen. Sie verdeutlichen, dass die Dephosphorylierung von Bcl-10 der Schlüssel zur Aktivierung des IKK-Komplexes und damit letztendlich auch für die NF-κB-Aktivierung ist. Da sowohl eine Bcl-10-Defizienz als auch eine Überexpression von Bcl-10 schwere Immunerkrankungen bzw. Tumore auslösen können, ist die Regulierung der Bcl-10-Menge und der Bcl-10-Aktivierung (Phosphorylierung) bedeutend für die Aktivierung von T-und B-Zellen. Die hier vorgestellten Ergebnisse der molekularen Signalabläufe tragen daher dazu bei, das Verständnis für normale und fehlerhafte Immunfunktionen zu vertiefen.

6 Ausblick

Das im Rahmen dieser Arbeit etablierte „Fluorescent cell Barcoding" Verfahren zur Bestimmung der Kreuzreaktivität von Inhibitoren kann noch erweitert werden. Simultane multiplex Messungen von Proteinphosphorylierungen, der Expression von Oberflächenproteinen, Transkriptionsfaktoren und Zytokinen sind bei entsprechender Optimierung der Barcoding Farbstoffkonzentrationen und der Permeabilisierungsbedingungen im 96 well Format möglich [95]. Weiterhin könnten Inhibitoren aus Inhibitorbibliotheken, hinsichtlich ihrer Anwendbarkeit für Signalwegsanalysen geprüft werden. Zudem kann diese Hochdurchsatz-Methode auch für diagnostische Zwecke in der Klinik angewendet werden:

- Untersuchung von Zellen aus Patientenproben zur Überprüfung der Wirksamkeit von medikamentösen Therapien. Die Notwendigkeit einer solchen Analyse wurde kürzlich am Beispiel von CsA von Brandt *et al.* beschrieben [86, 122]
- Untersuchung der Anfälligkeit von verschiedenen Zelltypen (z.B. Immunzellen, Nervenzellen, Muskelzellen, Epithelzellen) gegenüber Medikamenten zur Optimierung der Wirkung und Reduzierung von Nebenwirkungen (z.B. bei der Chemotherapie)
- Untersuchung der Nebenwirkungen von Medikamenten auf molekularer Ebene mittels Phosphorylierungsanalyse von Transkriptionsfaktoren

Weiterhin ist es von Bedeutung, die Funktion der differenziellen Bcl-10-Phosphorylierung für die Assoziation des CBM-Komplexes und für die NF-κB-Aktivierung detailliert aufzuklären. Folgende Aspekte sollen untersucht werden:

1. Charakterisierung des Bcl-10 Phosphorylierungsmusters während der initialen T-Zell-Aktivierung mit Hilfe von SILAC (stable isotope labeling

Ausblick

with amino acids in cell culture) und anschließender Massenspektroskopie (MS).

2. Identifizierung von positiv- und negativ regulatorischen Bcl-10 Phosphorylierungsstellen im Hinblick auf die NF-κB Aktivierung durch Mutagenese von Phosphorylierungsstellen im N-bzw. C-Terminus.

Zudem soll die CaN/Bcl-10-Interaktion noch weiter charakterisiert werden:

1. gezielte Mutagenese von putativen Interaktionssequenzen (PxIxIT Motiv, CARD)
2. Blockierung der Interaktionssequenzen mit inhibitorischen Peptiden gegen das PxIxIT-Motiv [121] oder gegen die CARD (Caspase Recruitment Domain) [123].

Zurzeit wird in Kooperation mit Manuela Benary (Institut für theoretische Biologie, HU Berlin) an einem mathematischen Modell zur Charakterisierung der CaN/Bcl-10 Interaktion hinsichtlich der NF-κB-Aktivierung gearbeitet. Mit Hilfe dieses Modells sollen in Zukunft Vorhersagen getroffen werden, wie sich eine Verschiebung der Proteinmengen (z.B. durch Überexpression) von CaN- und Bcl-10 auf die NF-κB Aktivierung auswirken könnte.

Weiterhin ist die Möglichkeit einer therapeutischen Intervention an der Position des CBM-Komplexes zur Behandlung von Lymphomen denkbar [124]. Kürzlich wurde bereits die gezielte Inhibierung der Bcl-10/CARMA3 Interaktion durch ein inhibitorisches Peptid gegen die CARD in nicht-Immunzellen beschrieben [123]. Die Kenntnis der Interaktionssequenzen von CaN/Bcl-10 bzw. CaN/MALT1 würde bei der Entwicklung gezielter inhibitorische Peptide helfen, die in der Zukunft auch zu klinischer Anwendung kommen könnten.

7 Abkürzungsverzeichnis

Abb.	Abbildung
AP-1	Activator Protein 1
AS	Aminosäure
ATF2	Activating transcription factor 2
Bcl-10	B-cell lymphoma 10
BSA	Bovine Serum Albumin
BZR	B-Zell-Tezeptor
bzw.	Beziehungsweise
CaN	Calcineurin
CARD	Caspase Recruitment Domain
CARMA1	CARD containing MAGUK Protein 1
CBM	CARMA1/Bcl-10/MALT1-Komplex
CC	coilded coil
CREB	cAMP response element-binding protein
DAG	Diacylglycerol
DD	Death domain
DMSO	Dimethysulfoxid
DNA	Desoxyribonukleinsäure
EMSA	Electrophoretic Mobility Shift Assay
ER	Endoplasmatisches Retikulum
ERK	Extracellular Signal Regulated Kinase
FCS	Fötales Kälberserum

Abkürzungsverzeichnis

FSC	Vorwärtsstreulicht (Forward scatter)
g	Erdbeschleunigung
Grb2	Growth factor receptor-bound protein 2
GSK3	Glykogensynthasekinase
GUK	Guanylate kinase
IKK	Inhibitor Of NF-κB
IL	Interleukin
IP$_3$	Inositol-1,4,5-Triphosphat
ITAM	Immunoreceptor Tyrosine Activation Motifs
IκB	Inhibitor of NF-κB
JNK	Jun N-terminal Kinase
kD	Kilodalton
LAT	Linker of acticated T cells
MAGUK	Membrane-Associated Guanylate Kinase
MALT1	Mucosa-Associated Lymphoid Tissue (MALT) lymphoma translocation gene 1
MAPK	Mitogen-activated-protein kinase
MFI	Mean Fluorescence Intensity
min	Minute
NEMO	NF-κB essential modulator
NFAT	Nuclear Factor of Activated T cells
NF-κB	Nuclear Factor kappa-light chain enhancer of activated B cells

Abkürzungsverzeichnis

P/I	PMA/Ionomycin
PAGE	Polyacrylamid Gelelektrophorese
PDZ	PSD95, DLG and ZO1 homology
PE	Phycoerythrin
PI3K	Phosphinositide 3 Kinase
PKCθ	Proteinkinase C θ
PLCγ	Phospholipase C γ
PMA	Phorbol-12-myristyl-13-acetat
RHD	Rel homology domain
RPMI	Rosewell Park Memorial Institute
RT	Raumtemperatur
SDS	Sodium dodecyl sulfate
Ser	Serin
SH3	Src homology 3
SILAC	Stable Isotope Labeling with Amino Acids in Cell Culture
SLP76	SH2 Domain Containing Leukocyte Protein of 76 kD
SOS	Son of sevenless
SSC	Seitwärtsstreulicht (Sideward scatter)
TAK1	Transforming Growth Factor β Activated Kinase 1
TEMED	N,N,N',N'-Tetramethylethylendiamin
Th	T-Helferzelle

Abkürzungsverzeichnis

Thr	Threonin
TNF-α	tumor necrosis factor α
TRAF	TNF-Rezeptor Associated Factor
TZR	T-Zell Rezeptor
vgl.	vergleiche
WB	Western Blot
ZAP-70	ζ-Chain Associated Protein

8 Literaturverzeichnis

1. Schulze-Luehrmann, J. and S. Ghosh, *Antigen-receptor signaling to nuclear factor kappa B.* Immunity, 2006. **25**(5): p. 701-15.
2. Weil, R. and A. Israel, *T-cell-receptor- and B-cell-receptor-mediated activation of NF-kappaB in lymphocytes.* Curr Opin Immunol, 2004. **16**(3): p. 374-81.
3. Weil, R. and A. Israel, *Deciphering the pathway from the TCR to NF-kappaB.* Cell Death Differ, 2006. **13**(5): p. 826-33.
4. Schmitz, M.L. and D. Krappmann, *Controlling NF-kappaB activation in T cells by costimulatory receptors.* Cell Death Differ, 2006. **13**(5): p. 834-42.
5. Kane, L.P., J. Lin, and A. Weiss, *It's all Rel-ative: NF-kappaB and CD28 costimulation of T-cell activation.* Trends Immunol, 2002. **23**(8): p. 413-20.
6. Viola, A. and A. Lanzavecchia, *T cell activation determined by T cell receptor number and tunable thresholds.* Science, 1996. **273**(5271): p. 104-6.
7. Iezzi, G., K. Karjalainen, and A. Lanzavecchia, *The duration of antigenic stimulation determines the fate of naive and effector T cells.* Immunity, 1998. **8**(1): p. 89-95.
8. Herndon, T.M., et al., *ZAP-70 and SLP-76 regulate protein kinase C-theta and NF-kappa B activation in response to engagement of CD3 and CD28.* J Immunol, 2001. **166**(9): p. 5654-64.
9. Hehner, S.P., et al., *Tyrosine-phosphorylated Vav1 as a point of integration for T-cell receptor- and CD28-mediated activation of JNK, p38, and interleukin-2 transcription.* J Biol Chem, 2000. **275**(24): p. 18160-71.
10. Kane, L.P. and A. Weiss, *The PI-3 kinase/Akt pathway and T cell activation: pleiotropic pathways downstream of PIP3.* Immunol Rev, 2003. **192**: p. 7-20.
11. Beals, C.R., et al., *Nuclear export of NF-ATc enhanced by glycogen synthase kinase-3.* Science, 1997. **275**(5308): p. 1930-4.
12. Mellman, I. and R.M. Steinman, *Dendritic cells: specialized and regulated antigen processing machines.* Cell, 2001. **106**(3): p. 255-8.
13. Heissmeyer, V., et al., *Calcineurin imposes T cell unresponsiveness through targeted proteolysis of signaling proteins.* Nat Immunol, 2004. **5**(3): p. 255-65.

14. Feske, S., et al., *Ca2+/calcineurin signalling in cells of the immune system.* Biochem Biophys Res Commun, 2003. **311**(4): p. 1117-32.
15. Oh-hora, M. and A. Rao, *Calcium signaling in lymphocytes.* Curr Opin Immunol, 2008. **20**(3): p. 250-8.
16. Okamura, H., et al., *Concerted dephosphorylation of the transcription factor NFAT1 induces a conformational switch that regulates transcriptional activity.* Mol Cell, 2000. **6**(3): p. 539-50.
17. van Dam, H. and M. Castellazzi, *Distinct roles of Jun : Fos and Jun : ATF dimers in oncogenesis.* Oncogene, 2001. **20**(19): p. 2453-64.
18. Lin, J. and A. Weiss, *T cell receptor signalling.* J Cell Sci, 2001. **114**(Pt 2): p. 243-4.
19. Hess, J., P. Angel, and M. Schorpp-Kistner, *AP-1 subunits: quarrel and harmony among siblings.* J Cell Sci, 2004. **117**(Pt 25): p. 5965-73.
20. Matsumoto, R., et al., *Phosphorylation of CARMA1 plays a critical role in T Cell receptor-mediated NF-kappaB activation.* Immunity, 2005. **23**(6): p. 575-85.
21. Oeckinghaus, A., et al., *Malt1 ubiquitination triggers NF-kappaB signaling upon T-cell activation.* EMBO J, 2007. **26**(22): p. 4634-45.
22. Shambharkar, P.B., et al., *Phosphorylation and ubiquitination of the IkappaB kinase complex by two distinct signaling pathways.* EMBO J, 2007. **26**(7): p. 1794-805.
23. Sun, L., et al., *The TRAF6 ubiquitin ligase and TAK1 kinase mediate IKK activation by BCL10 and MALT1 in T lymphocytes.* Mol Cell, 2004. **14**(3): p. 289-301.
24. Vallabhapurapu, S. and M. Karin, *Regulation and function of NF-kappaB transcription factors in the immune system.* Annu Rev Immunol, 2009. **27**: p. 693-733.
25. Bonizzi, G. and M. Karin, *The two NF-kappaB activation pathways and their role in innate and adaptive immunity.* Trends Immunol, 2004. **25**(6): p. 280-8.
26. Hayden, M.S. and S. Ghosh, *Signaling to NF-kappaB.* Genes Dev, 2004. **18**(18): p. 2195-224.
27. May, M.J. and S. Ghosh, *Signal transduction through NF-kappa B.* Immunol Today, 1998. **19**(2): p. 80-8.
28. Hayden, M.S., A.P. West, and S. Ghosh, *NF-kappaB and the immune response.* Oncogene, 2006. **25**(51): p. 6758-80.
29. Hayden, M.S. and S. Ghosh, *Shared principles in NF-kappaB signaling.* Cell, 2008. **132**(3): p. 344-62.

30. Egawa, T., et al., *Requirement for CARMA1 in antigen receptor-induced NF-kappa B activation and lymphocyte proliferation.* Curr Biol, 2003. **13**(14): p. 1252-8.
31. Thome, M., *Multifunctional roles for MALT1 in T-cell activation.* Nat Rev Immunol, 2008. **8**(7): p. 495-500.
32. Gaide, O., et al., *CARMA1 is a critical lipid raft-associated regulator of TCR-induced NF-kappa B activation.* Nat Immunol, 2002. **3**(9): p. 836-43.
33. Pomerantz, J.L., E.M. Denny, and D. Baltimore, *CARD11 mediates factor-specific activation of NF-kappaB by the T cell receptor complex.* EMBO J, 2002. **21**(19): p. 5184-94.
34. Lin, X. and D. Wang, *The roles of CARMA1, Bcl10, and MALT1 in antigen receptor signaling.* Semin Immunol, 2004. **16**(6): p. 429-35.
35. Thome, M. and R. Weil, *Post-translational modifications regulate distinct functions of CARMA1 and BCL10.* Trends Immunol, 2007. **28**(6): p. 281-8.
36. Bertin, J., et al., *CARD11 and CARD14 are novel caspase recruitment domain (CARD)/membrane-associated guanylate kinase (MAGUK) family members that interact with BCL10 and activate NF-kappa B.* J Biol Chem, 2001. **276**(15): p. 11877-82.
37. Thome, M. and J. Tschopp, *TCR-induced NF-kappaB activation: a crucial role for Carma1, Bcl10 and MALT1.* Trends Immunol, 2003. **24**(8): p. 419-24.
38. Wang, D., et al., *CD3/CD28 costimulation-induced NF-kappaB activation is mediated by recruitment of protein kinase C-theta, Bcl10, and IkappaB kinase beta to the immunological synapse through CARMA1.* Mol Cell Biol, 2004. **24**(1): p. 164-71.
39. Jun, J.E., et al., *Identifying the MAGUK protein Carma-1 as a central regulator of humoral immune responses and atopy by genome-wide mouse mutagenesis.* Immunity, 2003. **18**(6): p. 751-62.
40. Newton, K. and V.M. Dixit, *Mice lacking the CARD of CARMA1 exhibit defective B lymphocyte development and impaired proliferation of their B and T lymphocytes.* Curr Biol, 2003. **13**(14): p. 1247-51.
41. Willis, T.G., et al., *Bcl10 is involved in t(1;14)(p22;q32) of MALT B cell lymphoma and mutated in multiple tumor types.* Cell, 1999. **96**(1): p. 35-45.
42. Zhang, Q., et al., *Inactivating mutations and overexpression of BCL10, a caspase recruitment domain-containing gene, in MALT lymphoma with t(1;14)(p22;q32).* Nat Genet, 1999. **22**(1): p. 63-8.

43. Ye, H., et al., *BCL10 expression in normal and neoplastic lymphoid tissue. Nuclear localization in MALT lymphoma.* Am J Pathol, 2000. **157**(4): p. 1147-54.
44. Thome, M., et al., *Antigen receptor signaling to NF-kappaB via CARMA1, BCL10, and MALT1.* Cold Spring Harb Perspect Biol, 2010. **2**(9): p. a003004.
45. Lobry, C., et al., *Negative feedback loop in T cell activation through IkappaB kinase-induced phosphorylation and degradation of Bcl10.* Proc Natl Acad Sci U S A, 2007. **104**(3): p. 908-13.
46. Ishiguro, K., et al., *Bcl10 is phosphorylated on Ser138 by Ca2+/calmodulin-dependent protein kinase II.* Mol Immunol, 2007. **44**(8): p. 2095-100.
47. Bodero, A.J., R. Ye, and S.P. Lees-Miller, *UV-light induces p38 MAPK-dependent phosphorylation of Bcl10.* Biochem Biophys Res Commun, 2003. **301**(4): p. 923-6.
48. Ruefli-Brasse, A.A., et al., *Rip2 participates in Bcl10 signaling and T-cell receptor-mediated NF-kappaB activation.* J Biol Chem, 2004. **279**(2): p. 1570-4.
49. McAllister-Lucas, L.M., et al., *CARMA3/Bcl10/MALT1-dependent NF-kappaB activation mediates angiotensin II-responsive inflammatory signaling in nonimmune cells.* Proc Natl Acad Sci U S A, 2007. **104**(1): p. 139-44.
50. Wegener, E. and D. Krappmann, *CARD-Bcl10-Malt1 signalosomes: missing link to NF-kappaB.* Sci STKE, 2007. **2007**(384): p. pe21.
51. Thome, M., *CARMA1, BCL-10 and MALT1 in lymphocyte development and activation.* Nat Rev Immunol, 2004. **4**(5): p. 348-59.
52. Ruland, J., et al., *Bcl10 is a positive regulator of antigen receptor-induced activation of NF-kappaB and neural tube closure.* Cell, 2001. **104**(1): p. 33-42.
53. Lucas, P.C., L.M. McAllister-Lucas, and G. Nunez, *NF-kappaB signaling in lymphocytes: a new cast of characters.* J Cell Sci, 2004. **117**(Pt 1): p. 31-9.
54. Ruland, J., et al., *Differential requirement for Malt1 in T and B cell antigen receptor signaling.* Immunity, 2003. **19**(5): p. 749-58.
55. Rebeaud, F., et al., *The proteolytic activity of the paracaspase MALT1 is key in T cell activation.* Nat Immunol, 2008. **9**(3): p. 272-81.
56. Lu, T.T. and J.G. Cyster, *Integrin-mediated long-term B cell retention in the splenic marginal zone.* Science, 2002. **297**(5580): p. 409-12.

57. Shen, X., et al., *The secondary structure of calcineurin regulatory region and conformational change induced by calcium/calmodulin binding.* J Biol Chem, 2008. **283**(17): p. 11407-13.
58. Dammann, H., et al., *Primary structure, expression and developmental regulation of a Dictyostelium calcineurin A homologue.* Eur J Biochem, 1996. **238**(2): p. 391-9.
59. Rusnak, F. and P. Mertz, *Calcineurin: form and function.* Physiol Rev, 2000. **80**(4): p. 1483-521.
60. Hogan, P.G. and H. Li, *Calcineurin.* Curr Biol, 2005. **15**(12): p. R442-3.
61. Malchow, D., R. Mutzel, and C. Schlatterer, *On the role of calcium during chemotactic signalling and differentiation of the cellular slime mould Dictyostelium discoideum.* Int J Dev Biol, 1996. **40**(1): p. 135-9.
62. Horn, F. and J. Gross, *A role for calcineurin in Dictyostelium discoideum development.* Differentiation, 1996. **60**(5): p. 269-75.
63. Schumacher, J., I.F. de Larrinoa, and B. Tudzynski, *Calcineurin-responsive zinc finger transcription factor CRZ1 of Botrytis cinerea is required for growth, development, and full virulence on bean plants.* Eukaryot Cell, 2008. **7**(4): p. 584-601.
64. Oh-hora, M., *Calcium signaling in the development and function of T-lineage cells.* Immunol Rev, 2009. **231**(1): p. 210-24.
65. Liu, J., et al., *Calcineurin is a common target of cyclophilin-cyclosporin A and FKBP-FK506 complexes.* Cell, 1991. **66**(4): p. 807-15.
66. Crabtree, G.R. and E.N. Olson, *NFAT signaling: choreographing the social lives of cells.* Cell, 2002. **109 Suppl**: p. S67-79.
67. Sugimoto, T., S. Stewart, and K.L. Guan, *The calcium/calmodulin-dependent protein phosphatase calcineurin is the major Elk-1 phosphatase.* J Biol Chem, 1997. **272**(47): p. 29415-8.
68. Avraham, A., et al., *Co-stimulation-dependent activation of a JNK-kinase in T lymphocytes.* Eur J Immunol, 1998. **28**(8): p. 2320-30.
69. Biswas, G., et al., *Mitochondria to nucleus stress signaling: a distinctive mechanism of NFkappaB/Rel activation through calcineurin-mediated inactivation of IkappaBbeta.* J Cell Biol, 2003. **161**(3): p. 507-19.
70. Roy, J., et al., *A conserved docking site modulates substrate affinity for calcineurin, signaling output, and in vivo function.* Mol Cell, 2007. **25**(6): p. 889-901.
71. Aramburu, J., et al., *Selective inhibition of NFAT activation by a peptide spanning the calcineurin targeting site of NFAT.* Mol Cell, 1998. **1**(5): p. 627-37.

Literaturverzeichnis

72. Dolmetsch, R.E., et al., *Differential activation of transcription factors induced by Ca2+ response amplitude and duration.* Nature, 1997. **386**(6627): p. 855-8.
73. Blumberg, P.M., *Protein kinase C as the receptor for the phorbol ester tumor promoters: sixth Rhoads memorial award lecture.* Cancer Res, 1988. **48**(1): p. 1-8.
74. Liu, C. and T.E. Hermann, *Characterization of ionomycin as a calcium ionophore.* J Biol Chem, 1978. **253**(17): p. 5892-4.
75. Takahama, Y. and H. Nakauchi, *Phorbol ester and calcium ionophore can replace TCR signals that induce positive selection of CD4 T cells.* J Immunol, 1996. **157**(4): p. 1508-13.
76. Marienfeld, R., et al., *Cyclosporin A interferes with the inducible degradation of NF-kappa B inhibitors, but not with the processing of p105/NF-kappa B1 in T cells.* Eur J Immunol, 1997. **27**(7): p. 1601-9.
77. Guo, L., et al., *Elevating calcium in Th2 cells activates multiple pathways to induce IL-4 transcription and mRNA stabilization.* J Immunol, 2008. **181**(6): p. 3984-93.
78. Caballero, F.J., et al., *The acetaminophen-derived bioactive N-acylphenolamine AM404 inhibits NFAT by targeting nuclear regulatory events.* Biochem Pharmacol, 2007. **73**(7): p. 1013-23.
79. Sieber, M. and R. Baumgrass, *Novel inhibitors of the calcineurin/NFATc hub - alternatives to CsA and FK506?* Cell Commun Signal, 2009. **7**: p. 25.
80. Trevillyan, J.M., et al., *Potent inhibition of NFAT activation and T cell cytokine production by novel low molecular weight pyrazole compounds.* J Biol Chem, 2001. **276**(51): p. 48118-26.
81. Sieber, M., et al., *Inhibition of calcineurin-NFAT signaling by the pyrazolopyrimidine compound NCI3.* Eur J Immunol, 2007. **37**(9): p. 2617-26.
82. Roehrl, M.H., et al., *Selective inhibition of calcineurin-NFAT signaling by blocking protein-protein interaction with small organic molecules.* Proc Natl Acad Sci U S A, 2004. **101**(20): p. 7554-9.
83. Kang, S., et al., *Inhibition of the calcineurin-NFAT interaction by small organic molecules reflects binding at an allosteric site.* J Biol Chem, 2005. **280**(45): p. 37698-706.
84. Kang, T.Y., et al., *Clinical and genetic risk factors of herpes zoster in patients with systemic lupus erythematosus.* Rheumatol Int, 2005. **25**(2): p. 97-102.

Literaturverzeichnis

85. Taylor, A.L., C.J. Watson, and J.A. Bradley, *Immunosuppressive agents in solid organ transplantation: Mechanisms of action and therapeutic efficacy.* Crit Rev Oncol Hematol, 2005. **56**(1): p. 23-46.
86. Brandt, C., et al., *Low-dose cyclosporine A therapy increases the regulatory T cell population in patients with atopic dermatitis.* Allergy, 2009.
87. Borel, J.F., et al., *Biological effects of cyclosporin A: a new antilymphocytic agent.* Agents Actions, 1976. **6**(4): p. 468-75.
88. Chaudhuri, B., M. Hammerle, and P. Furst, *The interaction between the catalytic A subunit of calcineurin and its autoinhibitory domain, in the yeast two-hybrid system, is disrupted by cyclosporin A and FK506.* FEBS Lett, 1995. **357**(2): p. 221-6.
89. Naesens, M., D.R. Kuypers, and M. Sarwal, *Calcineurin inhibitor nephrotoxicity.* Clin J Am Soc Nephrol, 2009. **4**(2): p. 481-508.
90. Fung, J.J., et al., *Adverse effects associated with the use of FK 506.* Transplant Proc, 1991. **23**(6): p. 3105-8.
91. McCaffrey, P.G., et al., *Cyclosporin A sensitivity of the NF-kappa B site of the IL2R alpha promoter in untransformed murine T cells.* Nucleic Acids Res, 1994. **22**(11): p. 2134-42.
92. Meyer, S., N.G. Kohler, and A. Joly, *Cyclosporine A is an uncompetitive inhibitor of proteasome activity and prevents NF-kappaB activation.* FEBS Lett, 1997. **413**(2): p. 354-8.
93. Ehlers, M., et al., *Morpholino antisense oligonucleotide-mediated gene knockdown during thymocyte development reveals role for Runx3 transcription factor in CD4 silencing during development of CD4-/CD8+ thymocytes.* J Immunol, 2003. **171**(7): p. 3594-604.
94. Da Violante, G., et al., *Evaluation of the cytotoxicity effect of dimethyl sulfoxide (DMSO) on Caco2/TC7 colon tumor cell cultures.* Biol Pharm Bull, 2002. **25**(12): p. 1600-3.
95. Krutzik, P.O. and G.P. Nolan, *Fluorescent cell barcoding in flow cytometry allows high-throughput drug screening and signaling profiling.* Nat Methods, 2006. **3**(5): p. 361-8.
96. Cross, S.L., et al., *Functionally distinct NF-kappa B binding sites in the immunoglobulin kappa and IL-2 receptor alpha chain genes.* Science, 1989. **244**(4903): p. 466-9.
97. Baumgrass, R., et al., *Substitution in position 3 of cyclosporin A abolishes the cyclophilin-mediated gain-of-function mechanism but not immunosuppression.* J Biol Chem, 2004. **279**(4): p. 2470-9.

Literaturverzeichnis

98. Podtschaske, M., et al., *Digital NFATc2 activation per cell transforms graded T cell receptor activation into an all-or-none IL-2 expression.* PLoS One, 2007. **2**(9): p. e935.
99. Mattioli, I., et al., *Transient and selective NF-kappa B p65 serine 536 phosphorylation induced by T cell costimulation is mediated by I kappa B kinase beta and controls the kinetics of p65 nuclear import.* J Immunol, 2004. **172**(10): p. 6336-44.
100. Maggirwar, S.B., E.W. Harhaj, and S.C. Sun, *Regulation of the interleukin-2 CD28-responsive element by NF-ATp and various NF-kappaB/Rel transcription factors.* Mol Cell Biol, 1997. **17**(5): p. 2605-14.
101. Bryan, R.G., et al., *Effect of CD28 signal transduction on c-Rel in human peripheral blood T cells.* Mol Cell Biol, 1994. **14**(12): p. 7933-42.
102. Chauhan, D., et al., *Proteasome inhibitor therapy in multiple myeloma.* Mol Cancer Ther, 2005. **4**(4): p. 686-92.
103. Sun, S.C., et al., *NF-kappa B controls expression of inhibitor I kappa B alpha: evidence for an inducible autoregulatory pathway.* Science, 1993. **259**(5103): p. 1912-5.
104. Delhase, M., et al., *Positive and negative regulation of IkappaB kinase activity through IKKbeta subunit phosphorylation.* Science, 1999. **284**(5412): p. 309-13.
105. Scharschmidt, E., et al., *Degradation of Bcl10 induced by T-cell activation negatively regulates NF-kappa B signaling.* Mol Cell Biol, 2004. **24**(9): p. 3860-73.
106. Zeng, H., et al., *Phosphorylation of Bcl10 negatively regulates T-cell receptor-mediated NF-kappaB activation.* Mol Cell Biol, 2007. **27**(14): p. 5235-45.
107. Tumlin, J.A., et al., *T-cell receptor-stimulated calcineurin activity is inhibited in isolated T cells from transplant patients.* J Pharmacol Exp Ther, 2009. **330**(2): p. 602-7.
108. Wegener, E., et al., *Essential role for IkappaB kinase beta in remodeling Carma1-Bcl10-Malt1 complexes upon T cell activation.* Mol Cell, 2006. **23**(1): p. 13-23.
109. Chen, L.F., et al., *NF-kappaB RelA phosphorylation regulates RelA acetylation.* Mol Cell Biol, 2005. **25**(18): p. 7966-75.
110. Valge-Archer, V.E., et al., *Transformation of T lymphocytes by the v-fos oncogene.* J Immunol, 1990. **145**(12): p. 4355-64.
111. Reiter, T.A., et al., *Redox regulation of calcineurin in T-lymphocytes.* J Biol Inorg Chem, 1999. **4**(5): p. 632-44.

112. Wang, Q., et al., *Catalytic inactivation of protein tyrosine phosphatase CD45 and protein tyrosine phosphatase 1B by polyaromatic quinones.* Biochemistry, 2004. **43**(14): p. 4294-303.
113. Huang, B., et al., *Posttranslational modifications of NF-kappaB: another layer of regulation for NF-kappaB signaling pathway.* Cell Signal, 2010. **22**(9): p. 1282-90.
114. Jin, L. and S.C. Harrison, *Crystal structure of human calcineurin complexed with cyclosporin A and human cyclophilin.* Proc Natl Acad Sci U S A, 2002. **99**(21): p. 13522-6.
115. Liu, Y., et al., *Phosphorylation of the protein kinase C-theta activation loop and hydrophobic motif regulates its kinase activity, but only activation loop phosphorylation is critical to in vivo nuclear-factor-kappaB induction.* Biochem J, 2002. **361**(Pt 2): p. 255-65.
116. Werlen, G., et al., *Calcineurin preferentially synergizes with PKC-theta to activate JNK and IL-2 promoter in T lymphocytes.* EMBO J, 1998. **17**(11): p. 3101-11.
117. Bidere, N., et al., *Casein kinase 1alpha governs antigen-receptor-induced NF-kappaB activation and human lymphoma cell survival.* Nature, 2009. **458**(7234): p. 92-6.
118. Moreno-Garcia, M.E., et al., *Serine 649 phosphorylation within the protein kinase C-regulated domain down-regulates CARMA1 activity in lymphocytes.* J Immunol, 2009. **183**(11): p. 7362-70.
119. Lucas, P.C., et al., *Bcl10 and MALT1, independent targets of chromosomal translocation in malt lymphoma, cooperate in a novel NF-kappa B signaling pathway.* J Biol Chem, 2001. **276**(22): p. 19012-9.
120. Ruefli-Brasse, A.A., D.M. French, and V.M. Dixit, *Regulation of NF-kappaB-dependent lymphocyte activation and development by paracaspase.* Science, 2003. **302**(5650): p. 1581-4.
121. Aramburu, J., et al., *Affinity-driven peptide selection of an NFAT inhibitor more selective than cyclosporin A.* Science, 1999. **285**(5436): p. 2129-33.
122. Brandt, C., et al., *Whole blood flow cytometric measurement of NFATc1 and IL-2 expression to analyze cyclosporine A-mediated effects in T cells.* Cytometry A, 2010. **77**(7): p. 607-13.
123. Marasco, D., et al., *Generation and functional characterization of a BCL10-inhibitory peptide that represses NF-kappaB activation.* Biochem J, 2009. **422**(3): p. 553-61.
124. Jost, P., C. Peschel, and J. Ruland, *The Bcl10/Malt1 signaling pathway as a drug target in lymphoma.* Curr Drug Targets, 2006. **7**(10): p. 1335-40.

9 Publikationen

Poster

2007 11th joint meeting of the Signal Transduction Society (STS), Weimar;

„Bcl10 and calcineurin - are they connecting the NFAT and NF-κB signaling pathways?"

2008 12th joint meeting of the Signal Transduction Society (STS), Weimar;

„With a little help from a friend- CaN cooperates with Bcl-10 to activate NF-κB"

2009 13th joint meeting of the Signal Transduction Society (STS), Weimar;

„The NFAT phosphatase calcineurin is important for the activation of NF-κB in Th Lymphocytes"

2009 2nd European Congress of Immunology (ECI), Berlin;

„The NFAT phosphatase calcineurin is important for the activation of NF-κB in Th Lymphocytes"

Vorträge

2010 1. Berlin-Brandenburger Interdisziplinäres Calcium/Calcineurin-Symposium;

„A new role of calcineurin for NF-κB activation in T lymphocytes"

2010 RCIS Berlin Immunology Day;

„Discovery of novel molecular mechanisms within the NF-κB signaling in Th cells"

Publikationen

2010 S. Frischbutter *et al.* Dephosphorylation of Bcl-10 by calcineurin is essential for canonical NF-κB activation in Th cells. Eur J Immunol. (in Revision)

10 Danksagung

Ein besonderer Dank gilt PD Dr. Ria Baumgraß für die Betreuung meiner Dr. Arbeit und für die fruchtbaren Diskussionen zur Optimierung meines Projekts. Zudem möchte ich ihr für die ständigen Bemühungen um finanzielle Mittel danken, welche das Arbeiten unter bestmöglichen Bedingungen ermöglichte. Schließlich sei ihr auch dafür gedankt, dass sie uns stets mit in die Auswahl neuer Labormitarbeiter einbezog, was nicht nur für eine angenehme und produktive Arbeitsatmosphäre sorgte, sondern auch zum Gelingen der Gruppenausflüge und sonstigen Festivitäten beitrug.

Vielen Dank an Herrn Prof. Dr. Rupert Mutzel für die Begutachtung meiner Dissertation.

Weiterhin vielen Dank an die Labmanagerinnen und Mitarbeiterinnen der Spülküche für ihre Hilfsbereitschaft, den freundlichen Umgang, und die Schaffung bestmöglicher Arbeitsbedingungen.

Ganz herzlichen Dank an alle ehemaligen und aktuellen Mitarbeiter der AG-Baumgraß. Das Arbeiten mit Euch war stets ein Vergnügen. Die Tatsache, dass wir uns oft auch außerhalb der Arbeit trafen zeigt, dass wir mehr als nur Kollegen geworden sind. Danke auch, dass ihr immer fleißig meine diversen Konzerte besucht habt. Danke: Anna Abajyan, Uwe Benary, Hanna Bendfeldt, Claudia Brandt, Lina Burbat, Andreas Czech, Christian Gabriel, Anne Gompf, Uschi Gruner, Daniel Hackbusch, Maria Jaepel, Manja Jargosch, Ivan Kel, Sonja Kimmig, Anett Köhler, Stefan Kröger, Melanie Krüger, Solveigh Krusekopf, Britta Lamottke, Yü-Hien Lee, Maria Lexberg, Peter Liman, Martin Listek, Marion Mäusemann, Astrid Menning, Karin Müller, Luisa Neubrandt, Sylvia Niebrügge, Vladimir Pavlovic, Martin Pohland, Miriam Podtschaske, Tobias Scheel, Claudia Schlundt, Michael Schmück, Matthias Sieber, Biljana

Smiljanovic, Alexander Stöhr, Katherine Sturm, Alex Trahorsch, Jil Ulrich und Fanny Wegner.

Danke Manuela Benary für die Einführung in die Geheimnisse der mathematischen Modellierung und die interessanten Diskussionen.

Vielen Dank an Kaeptn Daniel Wagner und String Theory. Durch Euch und die Musik habe ich immer den Kopf frei bekommen.

Lieben Dank an meine Familie für ihre uneingeschränkte Unterstützung und das Daumendrücken bei den Vorträgen.

Danke Claudia, dass Du immer für mich da bist!

i want morebooks!

Buy your books fast and straightforward online - at one of world's fastest growing online book stores! Environmentally sound due to Print-on-Demand technologies.

Buy your books online at
www.get-morebooks.com

Kaufen Sie Ihre Bücher schnell und unkompliziert online – auf einer der am schnellsten wachsenden Buchhandelsplattformen weltweit! Dank Print-On-Demand umwelt- und ressourcenschonend produziert.

Bücher schneller online kaufen
www.morebooks.de

VDM Verlagsservicegesellschaft mbH
Heinrich-Böcking-Str. 6-8
D - 66121 Saarbrücken

Telefon: +49 681 3720 174
Telefax: +49 681 3720 1749

info@vdm-vsg.de
www.vdm-vsg.de

Printed by Books on Demand GmbH, Norderstedt / Germany